京津冀地区 GNSS CORS 应用研究

Application of GNSS CORS in Beijing-Tianjin-Hebei Region

王勇　刘严萍　李江波◎著

U0319304

中国建筑工业出版社

图书在版编目（CIP）数据

京津冀地区GNSS CORS应用研究 / 王勇，刘严萍，李江波著.
北京：中国建筑工业出版社，2019.9
ISBN 978-7-112-23855-2

Ⅰ.①京… Ⅱ.①王… ②刘… ③李… Ⅲ.①卫星导航—全球定位系
统—研究—华北地区 Ⅳ.①P228.4

中国版本图书馆CIP数据核字（2019）第121220号

区域性 GNSS CORS 网络积累了多年的历史观测数据，如何将其用于城市灾害监测，为灾害监测预警提供支撑，是大地测量、气象学和环境科学等领域的研究热点和难点。本书基于京津冀地区 GNSS CORS 观测资料开展气象学、雾霾监测和地质灾害应用研究。首先，在 GNSS 水汽与降水的关系研究的基础上，开展了利用 GNSS 技术探测水汽输送路径、基于 GNSS 的河北省区域 MODIS 水汽校正模型研究，水汽输送路径结合 GNSS 水汽的变化可为区域强降水预警提供参考；其次，利用 GNSS 水汽结合风速、大气污染物构建 PM2.5 浓度模型，分析了在不同站点、不同季节、不同的空气质量状况下 GNSS 水汽与 PM2.5 浓度存在显著正相关特性，分别采用神经网络、小波变换与回归分析等方法构建融合 GNSS 水汽、风速与大气污染物的 PM2.5 浓度模型，该模型可准确反演 PM2.5 浓度污染等级，为区域大气污染时空演化提供基础；最后，针对 GNSS 形变与 InSAR 形变监测的优势与不足，开展了基于 GNSS 与 InSAR 的形变监测，利用克里金插值、反距离加权插值方法对 GNSS ZTD 插值研究并用 InSAR 大气校正，以雄安新区为例开展了 GNSS 观测值与 InSAR 形变的融合研究，并以天津蓟州某山区开展了 GNSS、水准、InSAR 等多种观测方法融合的滑坡形变监测研究，通过将转换为 LOS 形变方向的 GNSS 形变监测结果和水准测量形变监测结果作为基准值，与 D-InSAR 影像相应点形变值构建函数模型，并对 SAR 形变监测影像进行模型校正，得到形变结果趋于 GNSS- 水准形变监测结果，同时也可将本论文研究思路和方法推广至其他地区、其他地质灾害类型的监测应用领域。

本书可以作为测绘、气象专业的研究生教学参考书，并可供大地测量、气象部门等相关科技人员参考。

责任编辑：杨 杰
责任校对：李欣慰

京津冀地区 GNSS CORS应用研究
王勇 刘严萍 李江波◎著

*
中国建筑工业出版社出版、发行（北京海淀三里河路9号）
各地新华书店、建筑书店经销
北京点击世代文化传媒有限公司制版
北京建筑工业印刷厂印刷
*
开本：787×960毫米 1/16 印张：10¼ 字数：155千字
2019年9月第一版 2019年9月第一次印刷
定价：78.00元
ISBN 978-7-112-23855-2
　　（34157）

　　城市是人类与各类经济活动集中的地方，且各种活动间相互联系，导致城市对于灾害作用具有放大性，同样的灾害发生在城市，容易引发各种要素的连锁效应，所造成的结果更为严重。城市人口、经济、基础设施等密度不断增加，城市承灾体的脆弱性趋于增大。使得城市灾害风险预警研究的紧迫性提高到前所未有的高度。在一个可持续的灾害风险管理中，城市灾害监测研究是其中重要环节之一。灾害的类型多种多样，本书选择城市内涝、雾霾和地面沉降（滑坡）三种类型的灾害开展相关研究。

　　近年来，全球极端天气气候事件增加，河北很多城市暴雨频繁发生，由此引发的内涝，造成严重的经济损失和社会影响，成为各界普遍关注的城市问题。水汽是影响降水过程发生、引发暴雨灾害的关键要素之一。分析研究大气水汽的时空变化对于预测降水、天气灾害，监测洪涝干旱情况有重要意义。GNSS水汽具有高精度、高时空分辨率、低成本、全天候、不受天气条件影响等优点，可实现大范围、高密度的水汽监测工作。国际级（IGS）、国家级（CMONOC）以及省市级 GNSS CORS 系统的构建和运行，积累了众多的观测数据，如何利用这些观测数据为城市灾害监测提供参考，是一个值得深入的研究问题。

　　大气雾霾污染对人类健康和环境的严重影响已成为全球关注的问题。近年来以 PM2.5 为主要污染物的中国区域灰霾污染形势严峻，重污染天气过程严重影响了公众健康和人民日常生活。PM2.5 浓度高是雾霾污染的主要原因，因此研究 PM2.5 的时空特征对于了解 PM2.5 污染的发生机制和防治雾霾具有重要意义。京津冀及周边地区偏重的产业结构、以煤为主的能源结构、以公路为主的交通结构，导致污染排放强度远超环境承载力，是京津冀及周边地区大气重污染形成的主因。燃煤产生大量的二氧化硫，汽车尾气中不完全燃烧产生挥发性有机化合物（VOC），其经光化学反应生成新的微颗粒，并在较充足水汽的条件下形成雾霾天气过程。水汽在微颗粒形成和雾霾天气过程起着重要的作用，参与了光化学过程和与 PM 微颗粒形成雾霾。对 PM2.5 浓度进行时空演化特征分析有助于了解 PM2.5 浓度变化的成因及演变规律。由于我国城市 PM2.5 浓度监测起步较晚，积累数据较短，数据量较少，且当前 PM2.5 浓度的获得主要依赖于物理方法，价格昂贵且操作复杂，而卫星遥感反演 PM2.5 浓度精度较低，因此有必要基于已有的观测要素开展 PM2.5 浓度模型研究，探究其变化规律。

地面沉降、山体滑坡等地质灾害引起的地表三维形变，对土地、道路和建筑等生产生活设施造成严重损害，阻碍经济的发展，威胁人民生命安全。监测这些物理现象，提高对发育特征、分布特点和形变规律等认识，从而保护人民生命财产安全。地表发生的形变是一个三维变形的过程，发生变形的地面上的点为三维度形变变化。进行地质灾害预测研究的关键基础是获取高时空分辨率、高精度的地质灾害三维形变。目前的地面形变观测技术：合成孔径雷达干涉测量（InSAR）、全球卫星导航定位（GNSS）和几何水准测量等都是以某一类型形变为主。因此，融合多种类型监测形变数据进行精确反演地质灾害三维形变，对深入解释地质灾害形变特征及分析地质灾害形成机制具有非常关键的作用。

京津冀地区 GNSS CORS 建设运行多年，如何利用 GNSS 历史观测数据开展灾害监测是一个值得深入的研究问题。本书利用京津冀地区 GNSS 连续观测数据，结合其他数据，开展了 GNSS 气象学应用、雾霾监测与建模、形变监测三个方面的应用。

GNSS 气象学应用：（1）开展了 GNSS 水汽与实际降水过程的对比分析，水汽变化超前于降水过程，其可用于降水预警；（2）利用 GNSS PWV 开展河北省水汽输送路径探测，验证了河北省存在由南向北、由西北向东南的两条水汽输送路径；（3）利用 GNSS 水汽开展河北省 MODIS 水汽校正模型研究，城市模型和区域模型均可以有效提高 MODIS 水汽精度，满足气象预报应用的要求。

GNSS 水汽用于 PM2.5 浓度模型构建：（1）开展 GNSS 水汽与 PM2.5 浓度的相关性分析，GNSS 水汽与 PM2.5 浓度序列呈正相关特性；（2）运用 BP 神经网络建立 PM2.5 浓度模型；（3）建立 GNSS 水汽、风速和 PM10 的多变量 PM2.5 浓度模型，两类模型均可用于 PM2.5 浓度污染等级预报。

GPS 用于地面沉降（滑坡）监测：（1）选择雄安新区作为平原区开展基于

GNSS 观测与 D-InSAR 技术的形变监测研究，根据 GNSS 观测资料，可转换为 InSAR LOS 方向形变值。GNSS 水平方向形变转换后用以校正 InSAR 形变的效果明显高于垂直方向形变监测校正效果，水平方向形变监测结果可用于对 InSAR 形变监测结果的校正，以达到较为精确的地面形变结果;（2）以天津蓟州某山区为例，开展基于 GNSS 观测、水准测量、InSAR 测量多技术融合的滑坡体灾害监测研究，通过将转换为 LOS 形变方向的 GNSS 形变监测结果和水准测量形变监测结果作为基准值，与 D-InSAR 影像相应点形变值构建函数模型，并对 SAR 形变监测影像进行模型校正，得到形变结果趋于 GNSS- 水准形变监测结果。

本书的出版获得了天津市自然科学基金项目（17JCYBJC21600）和天津城建大学博士科研项目的支持，在此表示感谢!

感谢任栋、郝振航、董思思和娄泽生为论文的撰写提供部分图形、表格和文字整理，本书的顺利出版还获得了天津城建大学地质与测绘学院、天津城建大学经济与管理学院相关领导的支持与帮助，在此一并表示感谢!

目 录

第 1 章　绪 论 / 001

1.1　研究背景和研究意义 / 002

1.2　国内外研究进展 / 004

1.3　主要研究内容 / 010

第 2 章　GNSS 测量原理与数据处理 / 011

2.1　GNSS 测量基本原理 / 012

2.2　GNSS 测量数据处理 / 013

2.3　GNSS 水汽反演原理 / 017

第 3 章　京津冀地区 GNSS 气象学应用 / 025

3.1　京津冀地区 GNSS CORS 与水汽反演 / 026

3.2　GNSS 水汽与降水的关系 / 027

3.3　利用 GNSS PWV 的水汽输送路径分析 / 032

3.4　基于 GNSS 的河北省区域 MODIS 水汽季节性模型校正研究 / 036

3.5　BJFS ZTD 时序特征分析及其与年降水量的关系 / 046

3.6　基于小波变换的 GPS 水汽与气象要素的相关性分析 / 054

第 4 章　GNSS 水汽与 PM2.5 浓度相关性研究 / 063

4.1　北京市 GNSS 水汽与 PM2.5 浓度的相关性比较 / 064

4.2　秋冬春季节无线电探空水汽变化与 PM2.5/PM10 变化的比较 / 070

4.3　北京 APEC 会议期间 GNSS 水汽与 PM2.5/PM10 的相关性比较 / 074

4.4　河北省 GNSS 水汽与 PM2.5 浓度相关性比较 / 079

4.5　基于小波变换的 GNSS 水汽与 PM2.5 浓度比较 / 084

第 5 章　融合 GNSS 水汽、气象要素与大气污染物的 PM2.5 浓度模型研究 / 093

5.1　研究数据与研究方法 / 094

5.2　PM2.5 浓度与大气污染观测及 GNSS 水汽、风速的相关性比较 / 096

5.3　PM2.5 浓度预测模型构建及模型可靠性检验 / 099

第 6 章　基于小波变换与回归分析的 PM2.5 浓度模型研究 / 103

6.1　研究数据及研究方法 / 104

6.2　PM2.5 浓度与 PM10 及水汽、风速的相关性比较 / 107

6.3　单变量 PM2.5 浓度模型构建 / 109

6.4　多变量 PM2.5 浓度模型构建 / 110

6.5　两种模型精度比较 / 112

第 7 章　基于 GNSS 与 InSAR 的形变监测 / 117

7.1　GNSS 水汽 /ZTD 插值 / 118

7.2　GNSS 观测值与 InSAR 形变——以雄安新区为例 / 125

7.3　基于天津蓟州区某山区多种观测方法融合的滑坡形变研究 / 136

第 8 章　结论与展望 / 145

8.1　结论 / 146

8.2　展望 / 147

参考文献 / 149

第 1 章

绪 论

1.1 研究背景和研究意义

　　城市是人类与各类经济活动集中的地方，且各种活动间相互联系，导致城市对于灾害作用具有放大性，同样的灾害发生在城市，容易引发各种要素的连锁效应，所造成的结果更为严重。在今后的 20 年，我国将有 60% 的人口向城市集中，城市人口、经济、基础设施等密度不断增加，城市承灾体的脆弱性趋于增大。这样的现实将城市灾害风险预警研究的紧迫性提高到前所未有的位置。在一个可持续的灾害风险管理中，城市灾害监测研究是其中重要环节之一。灾害的类型多种多样，本书选择城市内涝、雾霾和地面沉降（滑坡）三种类型的灾害开展相关研究。

　　近年来，全球极端天气气候事件增加，河北很多城市暴雨频繁发生，由此引发的内涝，造成严重的经济损失和社会影响，成为各界普遍关注的城市问题[1]。水汽是影响降水过程发生、引发暴雨灾害的关键要素之一。分析研究大气水汽的时空变化对于预测降水、天气灾害，监测洪涝干旱情况有重要意义。水汽是描述大气状态重要的参数之一，其时空分布及变化影响降水过程。常用的获取水汽的手段有无线电探空法、水汽辐射计、卫星遥感探测、GNSS 等[2]。无线电探空法站点空间分布稀疏，时间分辨率低。水汽辐射计价格昂贵，且在有浓云或是雨雪天气时监测水汽存在较大误差，使其不能得到广泛应用；卫星遥感水汽产品受大气上空云的干扰，精度较低[3]。同传统的大气水汽探测方法相比，GNSS 水汽具有高精度、高时空分辨率、低成本、全天候、不受天气条件影响等优点，可实现大范围、高密度的水汽监测工作。国际级（IGS）、国家级（CMONOC）以及省市级 GNSS CORS 系统的构建和运行，积累了众多的观测数据，如何利用这些观测数据为城市灾害监测提供参考，是一个值得深入研究的问题。

　　大气雾霾污染对人类健康和环境的严重影响已成为全球关注的问题。近年来以 PM2.5 为主要污染物的中国区域灰霾污染形势严峻，2016 年 12 月 16 日至 12 月 21 日京津冀地区以及山东、河南等地出现一次大范围区域性重污染过程，该地区发布了空气重污染红色预警，工厂停产、机动车单双号限行、中小学停课，重污染天气过程严重影响了公众健康和人民日常生活。我国政府非常重视大气污染的监测预警和变化趋势分析工作，2016年1月1日开始执行的《中华人民共和国大气污染防治法》中的第六条"国家鼓励和支持大气污染防治科学技术研究，开展对大气污染来源及其变化趋势的分析，推广先进适用的大气污染防治技术和装备，促进成果转化，发挥科学技术在大气污染防治中的支撑作用"和第九十三条"国家建立重污染天气监测预警体系"。PM2.5浓度高是雾霾污染的主要原因，因此研究PM2.5的时空特征对于了解PM2.5污染的发生机制和防治雾霾具有重要意义。2019年3月3日国家大气污染防治攻关联合中心专家表示，京津冀及周边地区偏重的产业结构、以煤为主的能源结构、以公路为主的交通结构，导致污染排放强度远超环境承载力，是京津冀及周边地区大气重污染形成的主因[4]。燃煤产生大量的二氧化硫，汽车尾气中不完全燃烧产生挥发性有机化合物（VOC），其经光化学反应生成新的微颗粒，并在较充足水汽的条件下形成雾霾天气过程。水汽在微颗粒形成和雾霾天气过程起着重要的作用，参与了光化学过程和与PM微颗粒形成雾霾。对PM2.5浓度进行时空演化特征分析有助于了解PM2.5浓度变化的成因及演变规律。由于我国城市PM2.5浓度监测起步较晚，积累数据较短，数据量较少，且当前PM2.5浓度的获得主要依赖于物理方法，价格昂贵且操作复杂，而卫星遥感反演PM2.5浓度精度较低，因此有必要基于已有的观测要素开展PM2.5浓度模型研究，探究其变化规律。

地面沉降、山体滑坡等地质灾害引起的地表三维形变，对土地、道路和建筑等生产生活设施造成严重损害，阻碍经济的发展，威胁人民生命安全。监测这些物理现象，提高对发育特征、分布特点和形变规律等认识，从而保护人民生命财产安全[5-7]。进行地表形变观测的技术主要为InSAR、GNSS、水准测量。InSAR是一种新型对地观测遥感技术，采用电磁波进行观测，具有高时空分辨率、全天候观测的优势，随着D-InSAR、PS-InSAR、SBAS-InSAR等技术的出现，InSAR技术趋于成熟，逐渐应用于高程测绘、大尺度地表形变、火山灾害、地震运动等各个方面[8-11]。但该技术获取的形变值为一维方向位移，容易受时空失相干和轨道误差的影响，难以反映地面实际形变情况[12]。GNSS 技术具有高精度、全天候高时间分辨率等特点，该技术获取的是点位信息，在大面积范围进行监测时，成本较高，且难以获得空间连续的形变分布场。地表发生的形变是一个三维变形的过程，发生变形的地面上的点为三维度形变变化。同时，进行地质灾害预测研究的关键基础是获取高时空分辨率、高精度的地质灾害三维形变[13]。目前的地面形变观测技术：合成孔径雷达干涉测量（InSAR）、全球卫星导航定位（GNSS）和几何水准测量等都是以某一类型形变为主。因此，融合多种类型监测形变数据进行精确反演地质灾害三维形变，对深入解释地质灾害形变特征及分析地质灾害形成机制具有非常关键的作用。

1.2 国内外研究进展

1.2.1 GNSS 水汽研究进展

GNSS 信号穿过大气层时会受到干扰，从而导致 GNSS 定位出现偏差，一些学者利用这种误差反演大气温度、水汽等参数。由于 GNSS 高精度、全天候、成本低廉等特点，逐步发展应用到了气象领域，成为一种探测大气的手段，也就是 GNSS 气象学[14, 15]。

1992 年 BEVIS 等人利用地面温度估算大气带权平均温度，实现了用地基 GPS 测量大气水汽含量的计算技术，并首先提出了 GPS 气象学的概念，自此 GPS 技术的应用扩展到了气象领域[16]；此后 Rochen 等人在外场实施了一系列实验来实现利用 GPS 测量水汽，并对其进行可靠性验证[17, 18]。目前 GNSS 气象学研究领域涉及海上区域水汽含量的确定、天气分析与预报、气候分析与预报、诊断三维水汽分布等。Adams D K 等人在亚马逊中部开发了一个密集的全球导航定位系统气象网，证明了对 GNSS 导出的可降水水蒸气可用于跟踪水汽平流、识别对流事件和水汽收敛时间尺度等研究[19]。Alshawaf F 等人利用遥感观测和天气研究预报（WRF）建模系统中的 GNSS 水汽数据融合技术，为 GNSS 水汽提供了高质量的完整网格，从异构数据集正确推断出空间连续、高分辨率网格的水汽[20]；Oigawa M 等人利用 GNSS 导出的水汽数据和高分辨率数值模型数据（水平网格间隔为 250 m）研究了与中尺度对流相关的水汽变化[21]；Heublein M 等人提出了基于 GNSS 估计的简单最小二乘平差三维层析水汽重建方法[22]；Jordán 等人验证了 GNSS 水汽预报的天气研究与预报（WRF）模型，显示模型预测与观测结果吻合较好[23]。随着 GNSS 气象学研究的不断深入，GNSS 水汽精度越来越高，其应用领域也不断拓展深入。

在我国，毛节泰于 1993 年引进并率先开展了 GPS 气象学研究[24]；之后陈洪滨、李国平、李成才等人对其做了初步介绍并应用相关软件计算水汽[25-27]；1998 年王小亚等人进行了地基 GPS 气象学基本原理、方法、应用、误差源等讨论，介绍了对流层延迟的估计方法，天顶湿延迟与水汽之间的转换，并在 1999 年利用全国的 GPS 观测资料，初步验证了用地面 GPS 空间信息开发可降水量数据的可行性和可靠性[28-31]。2015 年姚宜斌等人利用 2005 ~ 2011 年的天顶湿延迟与水汽格网数据在计算得到地基 GPS 反演关键参数并对其进行分析，建立转换系数全球经验模型，新模型在全球范围内反演得到的水汽系统误差较小，精度较高[32]；2016 年何亚东等人使用经验模态分解方法对 ECMWF 提供的 2001-2011 年的 GNSS 水汽数据和降水量数据进行分析，证明 GNSS 水汽与实际降水量在同等尺度下的周期相关性较强，说明了水汽时间序列与降水周期相关[33]；2018 年赵庆志等人利用中国地壳运动观测网（CMONOC）的 GNSS 数据计算出的 GNSS 水汽与无线电探空衍生的、欧洲中尺度（ECMWF）衍生的水汽进行比较，精度相差较小[34]；周聪林等利用 CORS 站数据反演计算得到的 GNSS 水汽数据与无线电探空测得的水汽数据进行比较，发现二者随时间变化的趋势较为一致，且其变化趋势与台风过境前后的实际降雨量相吻合，能较好地应用于极端天气预警[35]；Li 等人提出了用精确点定位（PPP）方法对基于地面的 BDS 观测资料进行水汽估计的方法和结果评价，结果显示 BDS-PWV 与 GPS-PWV 偏差较小[36]。随着我国对 GNSS 气象学的研究不断深入，所得 GNSS 水汽精度不断提升，研究领域不断拓展。

1.2.2　PM2.5 浓度研究进展

我国 PM2.5 浓度监测于 2012 年开始，在 2015 年 PM2.5 浓度观测覆盖了全国地级以上城市。目前我国 PM2.5 监测主要以传统的地面监测为主，此类方法的优点在于能够准确测量颗粒物的浓度及其时间变化，获取颗粒物的物理与光学特性[37]。Anne Boynard、孟晓艳等国内外学者开展了我国华北地区、环保重点城市和超大城市的主要污染物浓度变化分析研究，进行了霾天气形成机理研究[38, 39]。Fang 基于中国 190 个城市 2014 年的 PM2.5 浓度数据，开展了 PM2.5 浓度时空特征分析，研究发现：PM2.5 具有季节性变化，日平均呈现周期性和脉冲状变化，PM2.5 浓度空间集聚特点鲜明[40]。丁冰发现地基 PM2.5 浓度监测存在以下不足：监测设备价格昂贵、维护困难、操作复杂，在城市中的监测设备数量不多，难以准确描述城区不同位置的颗粒物水平[41]。常规的地面监测无法满足大区域 PM2.5 动态变化监测。且区域内的 PM2.5 浓度数据积累时间短，难以利用相应方法分析 PM2.5 浓度序列的变化趋势和周期特征。

卫星遥感监测可对污染源进行快速定点定位并核定其污染范围，并可对污染物在大气中的分布、扩散情况进行分析。徐祥德综合 MODIS AOD（Aerosol Optical Depth，气溶胶光学厚度）、城市区域自动气象站资料等数据研究城市中大气污染影响的空间结构与尺度特征[42]。Provencal 利用 NASA 提供的 2002 ~ 2015 年 MODIS AOD 数据反演了全球的 PM2.5 浓度，并以 PM2.5 浓度较高的以色列和中国台湾为例开展了模拟评价研究[43]。国内外学者以杭州等地区为例研究了 MODIS AOD 产品与近地层 PM2.5 浓度的相关性，建立了 PM2.5 浓度模型，并在此基础上开展了城市和区域 PM2.5 浓度时空变化特征分析[44, 45]。陶金花等人利用卫星遥感 AOD 估算 PM2.5 浓度的方法，该方法获得的估算结果与地面监测数据具有更好的相关性[46]。为了提高卫星遥感 PM2.5 浓度精度，Zang 采用最优子集回归方法，综合 AOD 数据与逆温层参数，以北京为例建立季节 PM2.5 浓度模型，并与传统的 AOD 线性回归模型相比，有效提高了 PM2.5 预测精度[47]。Xin 针对 2012 年、2013 年的中国气溶胶高浓度区域开展了 PM2.5 浓度与 AOD 的广义线性回归分析，两者的线性回归函数在不同地区和季节差异大，研究获得的分段线性回归函数的相关系数为 0.64 ~ 0.70[48]。卫星遥感反演 PM2.5 浓度，其主要缺点是精度较低，难以连续观测信息。由于地表反射率的估计、像元上空云的识别、气溶胶模型的判断等方面存在误差，使得反演过程中引入的偏差存在较大局限性[49]。卫星传感器的幅宽一般都在数百至数千公里，如 MODIS 的幅宽为 2330 km，该方法存在"以点带面"问题，导致小范围内效果较好，大区域尺度结果较差。卫星遥感监测反演的 PM2.5 浓度精度不高，不利于大气重点污染区域 PM2.5 浓度的时空分布及其生消演变特征分析[46]。

针对地面 PM2.5 浓度观测或卫星遥感反演 PM2.5 方法在 PM2.5 浓度时空分布特征研究中存在的不足，有些学者提出了基于确定性模型的 PM2.5 浓度监测方法。Ramos 采用反距离加权与克里金插值相结合的方法，获得了蒙特利尔 PM2.5 浓度日值估算模型，该模型估算的 PM2.5 浓度精度优于单独使用反距离加权或克里金插值的 PM2.5 浓度[50]。程兴宏对 2014 年 1 ~ 12 月中国 252 个环境监测站的 PM2.5 浓度逐时预报值进行了滚动订正，对订正前后 PM2.5 浓度的时空变化特征进行分析[51]。薛文博对 MODIS AOD 资料进行垂直与湿度订正，反演了 2013 年 1 月全国 10 km 分辨率 PM2.5 月均浓度，并分析其空间分布特征[49]。

卫星遥感监测受到遥感观测的固有特征、AOD 反演算法、回归模型估算误差、云覆盖、气压等因素的影响，使得反演得到的 AOD 与 PM2.5 浓度之间的相关性因区域、季节不同而存在差异。而地基 PM2.5 浓度监测存在监测设备昂贵、维护困难、操作复杂，在城市中的监测设备数量不多等不足，综合比较上述三种 PM2.5 浓度观测方法，现有的 PM2.5 浓度监测在大区域 PM2.5 浓度的动态变化监测方面仍有所欠缺。因此，有必要寻找一种新的方法，在不受天气影响的状况下，既能充分体现 PM2.5 浓度的时间变化，又能描述 PM2.5 浓度的空间差异。鉴于当前 PM2.5 浓度的获得主要依赖于物理方法，国内外科学家拟建立一种造价低廉、操作渐变的方法—PM2.5 浓度模型用以分析 PM2.5 浓度的变化。Paunu、黄仁东、刘严萍等学者基于大气污染物构建了 PM2.5 浓度模型[52-54]，王勘之基于时间序列的 ARIMA 模型进行 PM2.5 浓度预测，朱亚杰利用贝叶斯法分析了 PM2.5 浓度的时频变化特征 [55, 56]，陈宁、罗宏远、尹建光等人通过编程算法对 PM2.5 浓度进行预测研究 [57-59]，部分学者以气溶胶产品开展了 PM2.5 估算模型研究 [60]。上述工作对 PM2.5 浓度模型的建立提供了新思路，鉴于 GNSS 水汽在雾霾形成过程中起到的作用，王勇等人通过对 GNSS 水汽的时空演化特征分析并与雾霾时间变化相比较，证明了二者之间变化的相关关系 [61, 62]。姚宜斌等人基于小波相干算法构建雾霾与天顶对流层延迟的相关性分析的新方法，分析了二者的时频分布特征 [63]；谢劭峰等人在北京空气质量为优差时段进行 GNSS 水汽与 PM2.5 浓度的时序特征分析 [64]；张双成等人证明 GNSS 水汽对于雾霾天气预报监测的可行性，且依据 GPS 水汽含量开展人工增雨（雪）可以减缓雾霾天气的持续影响 [65]；高扬骏、杨力等人分析了雾霾的形成原因与变化规律，然后从 GNSS 水汽、雾霾指数与空气相对湿度等方面进行了定性的相关性分析 [66]。

本书综合分析 GNSS 水汽变化与雾霾形成之间的作用，在比较其相关关系的基础上，结合影响 PM2.5 浓度变化的其他要素，建立 PM2.5 浓度模型，以对其进行时空演化特征分析。

1.2.3 GNSS 地面沉降监测研究进展

GNSS 同其他空间大地测量系统如甚长基线干涉测量技术（Very Long Baseline Interferometry，VLBI）、卫星激光测距（Satellite Laser Ranging，SLR）和多普勒卫星定轨定位系统（Doppler Orbitography and Radio-positioning Integrated by Satellite，DORIS）等结合，能够提供全球或区域坐标参考框架，不仅作为大地测量的空间基准，为全球在气象变化提供依据，如大气降水、对流层和电离层的变化、水准面变化、陆地水迁徙、地壳板块运动等 [67]。尽管国际地球参考框架在全球的不均匀分布，但其仍是国际公认应用最广泛、精度最高的参考框架。由于其测站数量有限，不能满足世界各国的需求，故世界各地开始建立和维持区域坐标参考框架。它的具体体现为一组具有精确坐标和速度场地的测站，其主要实现形式为控制网和卫星定位连续运行基准站构网[68]。GNSS 技术精度保证及其广泛应用促使各国开始逐级建立卫星定位连续运行基准站网作为区域坐标参考框架，取代控制网。中国基于此自主研发建立了中国大陆构造环境监测网络（Crustal Movement Observation Network of China，CMONOC）。CMONOC 是一个由 260 个固定连续观测站点和 2000 个非定期进行观测的站点构成，并且覆盖中国大陆地区的 GNSS 观测网络，为研究提供高精度、高时间分辨率的 GNSS 数据。地球参考框架的创建与维护对经济、社会的快速发展具有非常重要的作用[69]。

GNSS 在形变测量中具有重要应用。由于 VLBI、SLR 等技术设备价格高昂，且不利于实际操作，造成全球只有很少高精度大地点。截至目前，GNSS 在形变监测方面的应用已经趋于成熟，且实时动态（Real-time kinematic，RTK）载波相位差分技术实现了测量工作高效率、高精度的实施。GNSS 技术应用于变形监测主要监测地质灾害、矿区、水库大坝、高层建筑等方面。张国台以浙江省 GNSS CORS 系统为数据基础，对可能发生地质灾害的区域进行研究分析，并建设预警系统[70]；苗树平以 GNSS 监测点为基础建立了三角网格形式的形变监测骨架，对某矿区进行三维形变场建立[71]；袁兵对基于 GPS 和 BDS 分别建立多路径误差改正模型以提高测量精度，监测大坝形变[72]；赵迎辉对比各个 ITRF 框架的精度，探究分析不同模式下长、短基线混合解及对坐标精度的影响，基于多年 GPS 连续观测数据获取南加州地区 GPS 坐标时序以及水平速度场[73]；康玉霄以高层建筑物的形变监测为研究体，重点研究了 GNSS 应用于该领域的最佳定位模型，设计形变监测系统并验证其精度、可靠性等关键技术问题[74]；贺克锋实现从 GPS 时间序列提取震间、同震、震后等构造信息，分析汶川震后形变特征，研究震后余滑影响[75]。胡亚轩叙述了长白山天池火山、云南腾冲火山和海南火山的形变，同时指出用于火山监测的 GPS 站点密度不够，InSAR 监测火山时间分辨率低等问题[76]。王洵通过 InSAR、波形资料和 GPS 数据联合反演获得 2015 年新疆皮山县地震，并分析其形变趋势[77]。应用 GNSS 技术监测滑坡体的形变，主要包括布设监测网、采集数据、数据处理与成果分析四个阶段。

目前 GNSS 应用于滑坡监测的案例很多，如长江三峡工程、德兴煤矿等[78, 79]。GNSS 技术的实施，使得测量工作得到精简，有效提高了测量效率。

1.3 主要研究内容

京津冀地区 GNSS CORS 建设运行多年，如何利用 GNSS 历史观测数据开展灾害监测是一个值得深入的研究问题。本书主要从以下三个方面展开研究：

GNSS 气象学应用：(1) 开展 GNSS 水汽与实际降水过程的对比分析；(2) 利用 GNSS PWV 开展河北省水汽输送路径探测；(3) 利用 GNSS 水汽开展河北省 MODIS 水汽校正模型研究。

GNSS 水汽用于 PM2.5 浓度模型构建：(1) 开展 GNSS 水汽与 PM2.5 浓度的相关性分析；(2) 运用 BP 神经网络建立 PM2.5 浓度模型；(3) 建立 GNSS 水汽、风速和 PM10 的多变量 PM2.5 浓度模型。

GPS 用于地面沉降（滑坡）监测：(1) 选择雄安新区作为平原区开展基于 GNSS 观测与 D-InSAR 技术的形变监测研究，以论证 GNSS 观测与 D-InSAR 技术融合监测形变技术；(2) 以天津蓟州某山区为例，开展基于 GNSS 观测、水准测量、InSAR 测量多技术融合的滑坡体灾害监测研究，获得滑坡体形变，监测结果可为地质灾害形成规律、分布特征、发生机制及维持稳定性研究提供依据。

第 2 章

GNSS 测量原理与数据处理

GNSS 是一种导航定位技术。它是通过测得待定点与已知位置卫星间距离，利用空间距离后方交会的方法获取地面点坐标，分成绝对定位和相对定位两种，能全天候、精准获取点位坐标和运动速度，并提供授时服务。由最初应用于军事领域，逐步发展至测绘、交通运输、水文监测和变形监测等各个方面，尤其在工程测量中发挥十分关键的作用，提升了质量与测量效率。随着 GNSS 气象学的提出，利用 GNSS 卫星传播误差中 ZTD 可以推算出水汽，为天气预报和 InSAR 大气校正提供了依据。

2.1 GNSS 测量基本原理

GNSS 测量采用的是空间测距后方交会法，为测出 GNSS 接收机到空间卫星间的距离，根据卫星在空间坐标系的坐标，组成方程组推算 GNSS 接收机天线的空间位置。

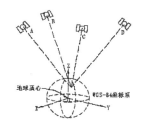

图 2-1 GNSS 定位原理

如图 2-1 所示，为测定地面上一点 P 在空间直角坐标系的三维坐标 (X_p, Y_p, Z_p)，将 GNSS 接收机架设在测站点，接收 GNSS 卫星发射的信号，测算出卫星至接收机的距离 $\tilde{\rho}$。三维坐标，三个未知数，根据三颗卫星测量结果可列出三个方程解出站点坐标。如式（2-1）所示方程：

$$\left.\begin{array}{l} \tilde{\rho}_A^2 = (X_P - X_A)^2 + (Y_P - Y_A)^2 + (Z_P - Z_A)^2 \\ \tilde{\rho}_B^2 = (X_P - X_B)^2 + (Y_P - Y_B)^2 + (Z_P - Z_B)^2 \\ \tilde{\rho}_C^2 = (X_P - X_C)^2 + (Y_P - Y_C)^2 + (Z_P - Z_C)^2 \end{array}\right\} \tag{2-1}$$

通过式（2-1）就可以解算出 P 点三维坐标 (X_p, Y_p, Z_p)。但距离 $\tilde{\rho}$ 并没有对接收机钟差、卫星钟差、电离层和对流层进行改正，所以并非测站 GNSS 接收机与 GNSS 卫星的无差几何距离，被称为伪距。伪距与真实几何距离之间的关系表达式可表示为：

$$\left[(X_j - X_P)^2 + (Y_j - Y_P)^2 + (Z_j - Z_P)^2 \right]^{\frac{1}{2}} - c\delta t_k = \tilde{\rho}_j + \delta\rho_{j1} + \delta\rho_{j2} - c\delta t_j \qquad (2\text{-}2)$$

式（2-2）中，c 为光的传播速度，δt_k 为接收机钟时间与标准时间的差值，$\delta\rho_{j1}$ 为电离层延迟，$\delta\rho_{j2}$ 为 ZTD，δt_j 为卫星钟时间与标准时间的差值，$(X_j$，Y_j，$Z_j)$ 为卫星坐标，$(X_P$，Y_P，$Z_P)$ 为测站点坐标。实际中 δt_k 很难准确获得，一般将其作为未知数加入方程组中进行解算，故图 2-1 中需要同时 4 颗卫星进行测量，列出方程。

$$\left. \begin{aligned} \tilde{\rho}_A^2 &= (X_P - X_A)^2 + (Y_P - Y_A)^2 + (Z_P - Z_A)^2 \\ \tilde{\rho}_B^2 &= (X_P - X_B)^2 + (Y_P - Y_B)^2 + (Z_P - Z_B)^2 \\ \tilde{\rho}_C^2 &= (X_P - X_C)^2 + (Y_P - Y_C)^2 + (Z_P - Z_C)^2 \\ \tilde{\rho}_D^2 &= (X_P - X_D)^2 + (Y_P - Y_D)^2 + (Z_P - Z_D)^2 \end{aligned} \right\} \qquad (2\text{-}3)$$

如式（2-3）为 GPS 测量基本观测方程，其中 δt_k 和 X_P、Y_P、Z_P 为未知参数，式（2-2）中 $(X_j$，Y_j，$Z_j)$、δt_j 可由导航电文给出，$\delta\rho_{j1}$ 和 $\delta\rho_{j2}$ 可由模型解算。通过伪距 $\tilde{\rho}$ 即可计算出测站点为三维坐标。

2.2 GNSS 测量数据处理

GNSS 测量数据的处理软件有两类，一类为随机软件（商业软件），如 TGO、HGO、STC 等；另一类为高精度解算软件，如 GAMIT/GLOBK、BERNESE、GIPSY、PANDA 等，因 GAMIT/GLOBK 为开源软件，免费申请使用，使用较为广泛。本书 GNSS 数据处理使用软件为 GAMIT/GLOBK。以下以 GAMIT/GLOBK 为例，介绍 GNSS 测量数据处理过程。

2.2.1 GAMIT 处理流程

GAMIT 处理流程如图 2-2 所示。

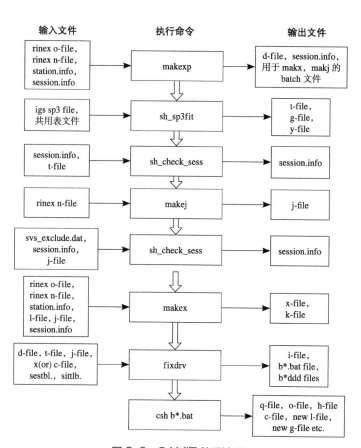

图 2-2　GAMIT 处理流程

（1）数据准备

在工作目录下新建 /tables、/***（年积日）。将公用表文件、参数设置文件、导航文件、星历文件和改正模型文件放在 /tables 目录下；每日观测文件放在以年积日为文件名的目录下。

公用表包括：L-file 概略坐标文件；antmod.dat 天线相位中心参数文件；rcvant.dat 接收机文件；leap.sec 跳秒信息文件；pmu.usno EOP（地球定向）参数表；ut1.usno 国际时间系统表；pole.usno 极移表；nutabl. 章动表；luntab. 月亮星历表；soltab. 太阳星历表。

参数设置文件：测站信息文件 station.info：包含测段中各测站信息，主要为接收机、天线、天线罩和天线高量取方式等信息，须严格按照格式进行编辑；

测站信息控制文件 sittbl.：包括各测站的精度指标，对解算的站点坐标做出约束，IGS 站点因其为高精度站点，作为已知站联合解算，采用紧约束，待测点采取松约束；测段信息控制文件 sestbl.：包括测段解算策略、先验测量误差以及卫星约束等，根据解算要求选择改正模型、卫星截止角、对流层延迟及模型、解类型（基线、轨道、松弛）和迭代次数等参数。

以 2015 年 7 月 30 日数据为例，导航文件为 n 文件，命名为 auto2110.15n；星历文件 IGS sp3 文件，命名为 igs1854.sp3；观测文件为 o 文件，命名为 ****2110.15o。

运行 GAMIT 前，应当先将公用表文件链接到数据目录中。

（2）数据处理

①运行 makexp 程序，按照提示输入相应的文件名或参数，工程名、星历文件、年、年积日、任务代码、L-file 文件和导航文件，代码如下：

```
makexp
```

②运行 sh_sp3fit 脚本，获取轨道积分文件，代码如下：

```
sh_sp3fit -f igs18554.sp3 -d 2015 211
```

③运行 sh_check_sess 脚本，检查 g 文件，即卫星一致性，代码如下：

```
sh_check_sess -sess 211 -type gfile gigsf5.211
```

④运行 makej 脚本，获取 j 文件，即卫星钟差文件，代码如下：

```
makej auto2110.15n jauto5.211
```

⑤再次运行 sh_check_sess 脚本，检查 j 文件，代码如下：

```
sh_check_sess -sess 211 -type jfile jauto5.211
```

⑥运行 makex 脚本生成 X-file，代码如下：

```
makex ####.makex.batch（#### 为工程名）
```

⑦运行 fixdrv 脚本，生成批处理文件，代码如下：

```
fixdrv d####5.211
```

⑧运行生成的批处理文件，代码如下：

```
csh *.bat
```

（3）结果及分析

①获得基线松弛解 H-file、约束解 O-file（其中包括有 ZTD 数据）、解算过程记录文件 Q-file；

② postfit_nrms 的计算结果应为小于 0.3，基线解算结果改正量不能大于 2 倍约束量。

2.2.2　GLOBK 处理流程

GLOBK 是一种基于动态参数的估算方法——卡尔曼滤波的平差方法，可联合解算空间大地测量和地面观测。GLOBK 软件计算流程如图 2-3 所示：

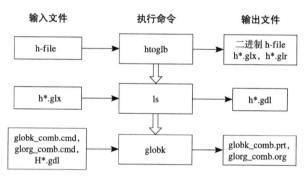

图 2-3　GLOBK 处理流程

（1）数据准备

在工作目录下新建目录 glbf、hfiles、tables。将 GAMIT 解算出的 H-files 文件放入 /hfiles 目录下，并将 globk.cmd 和 glorg_rep.cmd 命令文件放入此目录下，修改 cmd 命令里 L-file 文件位置；将 L-file 文件、svnav.dat、pmu.usno、leap.sec 放入 /tables 目录下。

（2）数据处理

①执行 htoglb 程序将 ASCII 格式的 H-file 转换为二进制 H-file，可被 GLOBK 读取，通过处理后得出松散约束下的模糊度整数解 glx 和松散约束下的模糊度实数解 glr；

②采用模糊度整数解 glx，将二进制 H-file 文件名统计入一个拓展名为 gdl 文件中；

③执行 glred 程序对生产文件进行重复性精度评价；

④执运行 globk/glorg 程序进行网平差，计算得出测站坐标和速度。

（3）代码

htoglb ../glbf ../tables/svnav.dat ../hfiles/h*

ls ../glbf/h*.glx>mkgk.gdl

glred 6 globk_rep.prtglobk_rep.log mkgk. gdlglobk_rep.cmd>globk_rep.out

2.3 GNSS 水汽反演原理

2.3.1 GNSS 对流层延迟测量原理

GNSS 卫星信号穿过大气层时产生的延迟一般分为电离层延迟和对流层延迟两种。其中在进行 GNSS 定位测量时，通过 GNSS 双频载波信号可以消除电离层延迟，但对流层延迟则需要通过数学模型进行模拟，得到对流层延迟的数值，从而进行对流层延迟的研究[86, 87]。多个站点与 InSAR 影像同期的对流层延迟差值数据通过空间插值得到与 InSAR 处理范围相同的大气校正层，两项相减从而完成对 InSAR 处理过程的大气校正过程。

ZTD 对 GNSS 信号传输的影响主要有两种构成：①当卫星信号经对流层穿过时，信号的传输速度出现改变；②当卫星信号经对流层穿过时，信号的传输路径出现曲折。这些影响是因为 GNSS 卫星信号在大气中传播，其大气折射率不断改变而造成的。信号对流层的延迟同等于信号传播路径长度的增长，因而可以用信号传输路径长度的增加来表示对流层延迟，公式如下：

$$\Delta L = \int_L n(s)\mathrm{d}s - G \qquad (2\text{-}4)$$

式（2-4）中 $n(s)$ 为卫星信号在接收机与 GNSS 卫星之间实际传输路径 L 上 s 处的大气折射率；G 为真空条件下，卫星信号在其传播的几何直线路径长度。

对式（2-4）进行变化，可得到：

$$\Delta L = \int_L [n(s)-1]\,\mathrm{d}s + (S-G) \tag{2-5}$$

式（2-5）中，S 为沿 L 传输的路径长度；$\int_L [n(s)-1]\mathrm{d}s$ 是因大气折射率而减慢卫星信号传输速度的影响；$(S-G)$ 是卫星信号传输路径发生弯曲的影响，其在仰角超过 15° 时大约为 1 或者更小，当射线指向天顶，此时的弯曲项为零。另外，由于 $[n(s)-1]$ 的数值很小，所以常使用大气折射指数 N 来表示大气折射率 n，其中 $N=10^6 \times (n-1)$。

同时，大气折射指数 N 与气象要素之间具有函数关系，其关系式：

$$N = 77.6 \times \left(\frac{P}{T}\right) + 3.73 \times 10^5 \times \left(\frac{P_w}{T^2}\right) \tag{2-6}$$

式（2-6）中，N 为大气折射指数，P 为总地面大气压，单位为 hPa；T 为地面大气温度，单位为 K；P_w 为水汽压，单位为 hPa。

2.3.2　GNSS 水汽反演

GNSS 气象学原理即利用 GPS 测量的对流层延迟（Zenith Tropospheric Delay, ZTD）转化为气象研究领域的可降水量（Precipitable Water Vapor, PWV）。它分为四个步骤，GPS ZTD 进行反演水汽的流程图如图 2-4 所示。

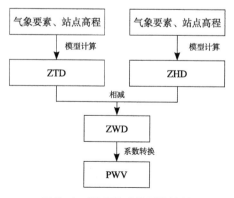

图 2-4　GNSS 水汽反演流程

利用 GPS 观测数据求解 ZTD，对流层延迟模型可以应用测站近点气压、温度等气象参数结合站点高程联合解算站点 ZTD 数据。当前，GNSS 测量中常用的 ZTD 模型主要有以下三种：Hopfield 模型、Saastamoinen 模型，以及 Black 模型。

1. 霍普菲尔德（Hopfield）模型

大气压 P、温度 T 和水汽压 e 与高程 h，即求解 ZTD 元素之间的联系为：

$$\left.\begin{aligned}\frac{\mathrm{d}T}{\mathrm{d}h} &= -6.8 \\ \frac{\mathrm{d}p}{\mathrm{d}h} &= -\rho \times g \\ \frac{\mathrm{d}e}{\mathrm{d}h} &= -\rho \times g\end{aligned}\right\} \tag{2-7}$$

式（2-7）反映出大气压 P、温度 T 和水汽压 e 与高程 h 之间的关系，其中 ρ 为大气密度，g 为地心引力加速度。考虑到理想气体的状态方程，经推导出的 Hopfield 模型可用公式表示如下：

$$\left.\begin{aligned}\mathrm{ZTD} &= \mathrm{ZHD} + \mathrm{ZWD} = \frac{K_\mathrm{d}}{\sin\left(E^2 + 6.25\right)^{1/2}} + \frac{K_\mathrm{w}}{\sin\left(E^2 + 2.25\right)^{1/2}} \\ \mathrm{ZHD} &= 155.2 \times 10^{-7} \times \frac{p_\mathrm{s}}{T_\mathrm{s}} \times \left(h_\mathrm{d} - h_\mathrm{s}\right) \\ \Delta K_\mathrm{w} &= 155.2 \times 10^{-7} \times \frac{4810}{T_\mathrm{s}^2} \times \left(h_\mathrm{w} - h_\mathrm{s}\right) \\ h_\mathrm{d} &= 40136 + 148.72 \times \left(T_\mathrm{s} - 273.16\right) \\ h_\mathrm{w} &= 11000\end{aligned}\right\} \tag{2-8}$$

式（2-8）中，ZTD 为对流层延迟，单位为 m；ZHD 为 ZTD 中的静力学延迟，单位为 m；ZWD 为 ZTD 中的湿延迟，单位为 m；T_s 为绝对温度，单位为 K；e 为水汽压，单位为 hPa；P_s 为地面大气压，单位为 hPa；E 为卫星高度角，单位为°；h_d 为对流层顶端与大地水准面之间的高度，单位 m；h_w 为对流层湿气与大地水准面的高度，单位 m。

2. 萨斯塔莫宁（Saastamoinen）模型

Saastamoinen 模型可用公式表示如下：

$$ZTD = \frac{0.002277}{\sin E} \times \left[P_s + \left(\frac{1255}{T_s} + 0.05 \right) \times e_s - \frac{B}{\tan^2 E} \right] \times W(\varphi \cdot H) + \delta R \quad (2\text{-}9)$$

$$W(\varphi \cdot H) = 1 + 0.0026 \times \cos 2\varphi + 0.00028 \times h_s$$

式（2-9）中 φ 为测站纬度，单位为 °；h_s 为测站高程，单位为 km；B 是 h_s 的列表函数；δR 是 E 和 h_s 的列表函数。

经过数值拟合上述公式可以表示为：

$$\left.\begin{array}{l} ZTD = \dfrac{0.002277}{\sin E'} \times \left[P_s + \left(\dfrac{1255}{T_s} + 0.05 \right) \times e_s - \dfrac{a}{\tan^2 E'} \right] \\[2mm] E' = E + \Delta E \\[2mm] \Delta E = \dfrac{16''}{T_s} \times \left(P_s + \dfrac{4810}{T_s} e_s \right) \times \cot E \\[2mm] a = 1.16 - 0.15 \times 10^{-3} \times h + 0.716 \times 10^{-3} \times h_s^2 \end{array}\right\} \quad (2\text{-}10)$$

式（2-10）中各个符号的定义、单位和 Hopfield 模型的相同。

3. 勃兰克（Black）模型

Black 模型可用公式表达如下：

$$\begin{aligned} ZTD = K_d \times &\left[\sqrt{1 - \left[\frac{\cos E}{1 + (1 - l_0) \times \frac{h_d}{r_s}} \right]^2} - b(E) \right] + \\ & K_w \times \left[\sqrt{1 - \left[\frac{\cos E}{1 + (1 - l_0) \times \frac{h_w}{r_s}} \right]^2} - b(E) \right] \end{aligned} \quad (2\text{-}11)$$

式（2-11）中参数 l_0 和路径弯曲改正 $b(E)$ 可以通过下式确立：

$$l_0 = 0.833 + [0.076 + 0.00015 \times (T_s - 273.16)]^{-0.3E}$$
$$b = 1.92 \times (E^2 + 0.6)^{-1}$$

$$(2\text{-}12)$$

式（2-12）中 ZTD、h_d、h_w 的定义以及单位和 Hopfield 模型的相同。h_d、h_w、K_d、K_w 的计算公式如下：

$$h_d = 148.98 \times (T_s - 3.96)$$
$$h_w = 13000$$
$$K_d = 0.002312 \times (T_s - 3.96) \times \frac{P_s}{T_s}$$
$$K_w = 0.20$$

$$(2\text{-}13)$$

尽管所列三种 ZTD 模型的原理、公式甚至元素各不一致，在测站海拔 h_s 小于 1km 时，使用相同的气象数据所求导的天顶方位的 ZTD 的较差仅有几个 mm。高度角 E 较小时（$E < 30°$），不同模型之间推算的 ZTD 之间的差异开始变大；当高度角 $E = 15°$ 时，三种模型推算的 ZTD 之间相差也仅有几个 cm。当测站海拔 h_s 很大时（超过 1km），应用 Hopfield 模型和 Saastamoinen 模型分别解出的 ZTD 可互差数 10cm，此情况下不应采取 Hopfield 模型计算 ZTD。

在 GNSS 测量中，通常会根据实际情况以及项目要求，在上述的三种模型中挑选出一个最为合适的模型用于对流层延迟的改正。

利用测站天顶向大气要素如气温、气压等结合测站坐标，通过计算模型得出静力学延迟（Zenith Hydrostatic Delay，ZHD），也称干延迟；

计算 ZHD 的模型同计算 ZTD 的模型相对应，共有三种计算模型：Hopfield 模型、Saastamoinen 模型和 Black 模型。通过模型计算 ZHD 的精度较高，可达 mm 级。

1. Hopfield 模型

利用 Hopfield 模型计算 ZHD 的表达式如下：

$$\text{ZHD} = \frac{77.6 \times 10^{-3} \times P_s}{5 \times T_s} \times (h_d - h_s)$$
$$h_d = 40136 + 148.72 \times (T_s - 273.16)$$

$$(2\text{-}14)$$

式（2-14）中 T_s 为绝对温度，单位为 K；P_s 为气压，单位为 hPa；h_d 为对流层顶部到大地水准面的有效高度，单位为 m；h_s 为测站海拔高程，单位为 m。

2. Saastamoinen 模型

利用 Saastamoinen 模型计算 ZHD 的表达式如下：

$$\left.\begin{aligned} \text{ZHD} &= (2.2768 + 0.0024) \times \frac{P_s}{f(\theta, H)} \\ f(\theta, H) &= 1 - 0.00266 \times \cos 2\theta + 0.00028 \times H \end{aligned}\right\} \tag{2-15}$$

式（2-15）中 P_s 同为测站天顶方向表面大气压，单位 hPa；θ 为测站纬度，单位为°；H 为测站大地高，单位为 km。

3. Black 模型

利用 Black 模型计算 ZHD 的表达式如下：

$$\text{ZHD} = 2.312 \times (T_s - 3.96) \times \frac{P_s}{T_s} \tag{2-16}$$

王勇等人通过实际验证，在测站海拔不高于（小于 1km）时，三种模型 ZHD 的解算精度大致相同。在测站海拔高于 1km 时，可以利用 Saastamoinen 模型和 Black 模型计算 ZHD，利用 Hopfield 模型计算 ZHD 则需要进行模型改正。

ZTD 等于 ZHD 与对流层湿延迟（Zenith Wet Delay，ZWD）的和，从而求出 ZWD，如式（2-17）所示：

$$\text{ZWD} = \text{ZTD} - \text{ZHD} \tag{2-17}$$

ZWD 转换为 PWV。PWV 与 ZWD 的关系可用式（2-18）表示：

$$\text{PWV} = \Pi * \text{ZWD} \tag{2-18}$$

其中 Π 为转换系数，单位 kg/m³，可按式（2-19）计算：

$$\Pi = 10^6 / [(k_3 \times T_m^{-1} + k_2') \times R_v] \tag{2-19}$$

式（2-19）中 k_2'、k_3 为大气折射常数，$k_2' = 22.1 \pm 2.2\text{K/hPa}$，$k_3 = 3.739 \times 10^5 \pm 0.012 \times 10^5 K^2\text{/hPa}$；$R_v$ 为水汽气体常数，$R_v = 4.613 \times 10^6 \text{erg/g}$；$T_m$ 为大气加权平均温度，单位为 K，其值为站点上方水汽气压和相对应绝对温度沿天顶方向的积分值，可由式（2-20）计算所得：

$$T_\text{m} = \frac{\int (P_v / T) \times dz}{\int (P_v / T^2) \times dz} \qquad (2\text{-}20)$$

式（2-20）中 p_v 为站点上方水汽气压，单位 hPa；T 为此点的绝对温度，单位 K。由于二者随时空分布变化，T_m 难以求得。利用测站已用的气象观测仪器观测记录的气象要素计算 T_m 是最佳方法。若 T_m 取一固定值作为该点平均温度值，则相应的 Π 为以常数，近似取值 0.15。

第 3 章

京津冀地区 GNSS 气象学应用

目前气象领域水汽探测主要应用手段有无线电探空仪、卫星遥感探测、微波辐射计。无线电探空观测在空间分辨率和时间分辨率方面，与实际需要存在差距；气象卫星探测获得的水汽精度不高，且云量较多时观测受影响；微波辐射计是最为精确的观测手段，时间分辨率也高，但是其在降水量较大时工作受影响，且价格昂贵，制约该技术的应用。

水汽是影响降水过程发生、引发暴雨灾害的关键要素之一。水汽尽管其在大气中的含量不高，但其变化是天气、气候变化的主要驱动力，是灾害性天气形成和演变中的重要因素，气象领域的基本问题之一就是要精确测量大气水汽的分布及变化。GPS 技术探测大气水汽具有成本低、精度好、时间分辨率高、垂直分辨率高、全球覆盖、全天候观测等优点。目前我国建成了国家级、省市级的 GPS 连续观测网络，如何把 GPS 这类新型气象资料融合到现有的数值预报中去，辅助暴雨预警，是目前急需研究的一个热点和难点问题。

3.1 京津冀地区 GNSS CORS 与水汽反演

3.1.1 京津冀地区 GNSS CORS

京津冀地区 GNSS 连续观测数据（图 3-1）由该地区的北京市、天津市和河北省 GNSS CORS 网络提供，北京市 GNSS 连续观测网络由 14 个站组成，从 2005 年开始连续观测；天津市 GNSS 连续观测网络由 12 个站点组成，从 2006 年开始连续观测；河北省 GNSS 连续观测网络由 32 个站点组成，从 2008 年连续观测，该地区积累了近十年 GNSS 连续观测资料。

3.1.2 GNSS 水汽反演

GNSS 水汽由京津冀地区 GNSS CORS 观测数据反演获得，GNSS 水汽解算方案如下：解算软件为 GAMIT10.6，星历为 IGS 精密星历，解算方式为 Relax 模式，卫星高度角 10 度，引入同期国内 IGS 站点 WUHN、LHAZ、URUM、SHAO 等数据联合解算，站点天顶对流层延迟的解算为每小时估算一个值，结

图 3-1　京津冀地区 GNSS 连续观测站网

合站点气象观测数据可以获得 GNSS 站点时值水汽，GNSS 水汽的单位为 mm。

3.2　GNSS 水汽与降水的关系

3.2.1　GNSS 水汽与降水的比较

　　GNSS 水汽受时间和空间变化影响显著，尤其在夏季降水过程发生前后，GNSS 水汽的变化更加剧烈。GNSS 连续观测资料可进行水汽的时空变化特征分析，对研究水汽的特点及性质有着重要的意义。随机选择河北省 GNSS CORS 网络的盐山、乐亭两个站点，开展 GNSS 水汽与降水的关系分析，图 3-2 为 2014 年夏季（6 ~ 8 月）两个 GNSS 站点水汽与降水的比较。

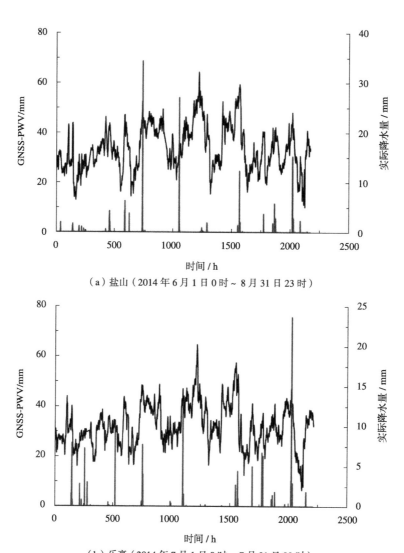

（a）盐山（2014 年 6 月 1 日 0 时 ～ 8 月 31 日 23 时）

（b）乐亭（2014 年 7 月 1 日 0 时 ～ 7 月 31 日 23 时）

图 3-2　GNSS 水汽与降水的比较

　　由图 3-2 可知，每次降水过程都对应了 GNSS 水汽的上升和下降过程。通过查询盐山、乐亭两站的气象降水过程资料，以盐山 2014 年 7 月 1 日 21 时一次较大的降水过程为例（见图 3-2），在降水前，7 月 1 日 16：00 ～ 21：00 的水汽的值逐渐上升，增加至最大值，随之，从 21：00 ～ 23：00，水汽值逐渐减小。而降水过程从 21：00 开始，23：00 结束。另外，当发生降水过程时，GNSS 水汽存在上升至峰值后下降的趋势。同样，以乐亭 2014 年 8 月 24 日 4 时的一次较强降水为例，同样，在降水发生之前，8 月 24 日 0：00 ~ 3：00 时水汽逐渐上升至最大值，随后，在 3：00 ~ 7：00 水汽逐渐下降，而降水从 3：00 开始，7：00 结束。通过分析两次强降水过程，由此我们可以得到结论：降水前，水汽的快速增长达到最大值，可以对降水进行预测，而水汽在降水发生之后，逐渐下降可以作为降水结束的重要依据之一，但必须结合实际情况以及气象资料。

3.2.2　GNSS 水汽小时变化序列与降水的比较

水汽的上升代表水汽的聚集，下降对应了降水过程的发生。以下利用 GNSS 水汽的小时变化来开展其与降水的关系。单位时间（小时）的水汽变化，用 ΔPWV 表示，单位为 mm，ΔPWV 计算公式如公式（3-1）所示。

$$\Delta PWV_i = PWV_i - PWV_{(i-1)} \qquad (3-1)$$

式（3-1）中，ΔPWV_i 表示第 i 时的水汽变化，PWV_i 表示第 i 时的水汽，$PWV_{(i-1)}$ 表示第（i–1）时的水汽。

选择 2014 年夏季乐亭两次降水过程 ΔPWV 的变化，分析 ΔPWV 与降水过程的关系，如图 3-3 所示。

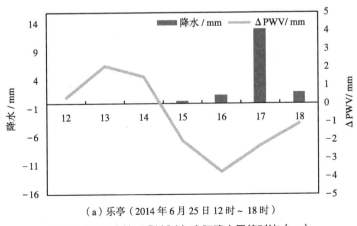

（a）乐亭（2014 年 6 月 25 日 12 时 ~ 18 时）

图 3-3　乐亭站 ΔPWV 与实际降水量的对比（一）

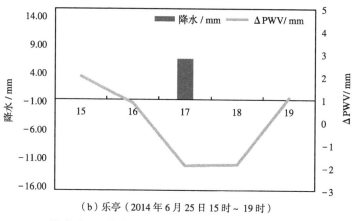

（b）乐亭（2014年6月25日15时~19时）

图 3-3　乐亭站 ΔPWV 与实际降水量的对比（二）

　　针对 2014 年夏季两次降水数据时间为 2014 年 6 月 25 日及 7 月 13 日并结合 GNSS ΔPWV 的变化情况，由图 3-3 可以看出，当 6 月 25 日 15 时 GNSS ΔPWV 在由正值变为负值的过程中，正好发生降水，同样，在 7 月 13 日 17 时，ΔPWV 在由正值变为负值发生降水过程。由此可知，当 GNSS ΔPWV 在由正值变为负值的过程中，可以预测降水过程的发生。为短时强降水提供参考价值与意义。

3.2.3　GNSS 水汽最大值超前实际降水的时间分析

　　为了将 GNSS 水汽变化用于降水过程预测，研究统计 GNSS 水汽与降水时间的具体对应关系，也就是 GNSS 水汽最大值超前实际降水的时间。华北地区的降水时间大多发生在夏季（6~8 月），故以 2014 年 6 月至 8 月的河北省尚义、蔚县、曲阳、晋州、南和、邯郸等 20 个 GNSS 观测站点的水汽数据、实际降水数据，开展 GNSS 水汽最大值超前实际降水时间的统计分析，超前降水时间统计分为 0h、1h、2h、3h 和 >3h，统计分析结果见表 3-1。

GNSS 水汽序列峰值超前降水的时间统计　　　　　　　　　　　　表 3-1

站点名称	0h	1h	2h	3h	>3h
尚义	11	12	11	8	7
蔚县	6	18	15	2	2

站点名称	0h	1h	2h	3h	>3h
曲阳	20	6	0	1	1
晋州	9	7	8	4	0
平山	10	13	7	4	0
赵县	10	8	0	0	1
临城	12	5	3	1	1
涉县	17	5	4	3	1
南和	10	9	4	1	3
邯郸	13	3	5	1	2
沽源	15	13	3	3	4
滦平	20	15	1	1	7
兴隆	20	14	1	3	5
遵化	24	8	1	2	2
迁安	18	7	3	4	4
易县	11	3	1	4	5
三河	7	5	6	4	6
安国	8	9	3	2	2
满城	12	12	5	2	3
南皮	3	8	5	1	4
总降水次数	256	180	86	51	60
占比	41%	28%	14%	8%	9%

从表 3-1 可知，河北省 20 个站点 2014 年的降水总次数为 633 次，GNSS 水汽序列峰值与实际降水同时发生和超前降水发生时间 1h 的次数最多，分别为 256 次和 180 次，分别占比 41%、28%，GNSS 水汽序列峰值与超前降水发生时间 2h 的次数次之，为 86 次，占比 14%。通过统计 20 个测站 GNSS 水汽序列峰值与实际降水时间的关系可知，GNSS 水汽序列峰值超前降水发生时间 0 ~ 2h 的次数占比达到 83%。即 GNSS 水汽序列峰值超前降水发生时间为 0 ~ 2h，说明 GNSS 水汽变化对于降水过程来说，具有超前性，其可为降水预报提供参考。

3.3　利用 GNSS PWV 的水汽输送路径分析

由 3.2 节的研究可知，GNSS 水汽变化对于降水过程具有超前警示意义，但由于其超前时间不长，而 GNSS 水汽的计算需要经历 GNSS 观测数据传输、GNSS 数据处理解算获得，需要占用一定的时间，对于汛期降水预警或预报来说，如能根据区域水汽的变化进行降水预报，就显得尤为重要。以下利用 GNSS 水汽开展水汽输送路径研究，通过研究水汽输送路径，则可通过水汽输送路径上测站水汽的变化，为其他区域降水预警提供参考。

3.3.1　由南至北方向的水汽通道存在性验证

针对由南至北方向的水汽通道上选择 2014 年 7 月 29 日、8 月 28 日两次降水过程，并进行相关分析。图 3-4 为邯郸、晋州、满城、涿州四个 GNSS 站点两次降水过程中的 PWV 的水汽变化情况。图 3-5 为用 ArcGIS 软件绘制的单位时间的 PWV 变化 ΔPWV，时间为 2014 年 7 月 29 日 18 时至 21 时降水过程中 ΔPWV 时空变化图。

由图 3-4 和图 3-5 可知，在 2014 年 7 月 29 日、8 月 28 日由南向北的两次降水过程中，邯郸、晋州、满城、涿州 4 个 GNSS 站点的 PWV 峰值及 ΔPWV 值由正变负的过程在时间和空间上存在差异，四个站点的水汽序列由南向北依次达到峰值，然后下降，且 ΔPWV 值由正到负的变化也是由南到北的方向。结合实际时值降水数据，2014 年 7 月 29 日邯郸、晋州、满城、涿州的降水时间分别为 17：00、19：00、20：00 和 21：00；8 月 28 日邯郸、晋州、满城、涿州的降水时间分别为 19：00、20：00、21：00 和 22：00。因此，当 ΔPWV 值由正变负以及 PWV 到达峰值并开始下降时，对应了降水的发生。由南向北的水汽通道是由于华北地区东亚夏季风强度较强，南方暖湿气流活跃，受暖湿的偏南风影响。同时，邯郸、晋州、满城、涿州 4 个站点 PWV 及 ΔPWV 的变化差异性印证了由南向北的水汽输送路径。

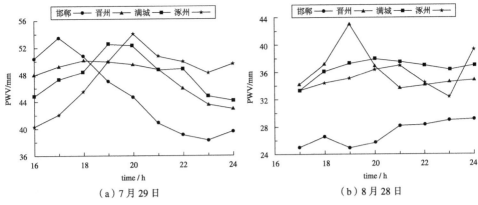

（a）7月29日　　　　　　　　　　　　　　　（b）8月28日

图 3-4　不同测站 GNSS 水汽变化

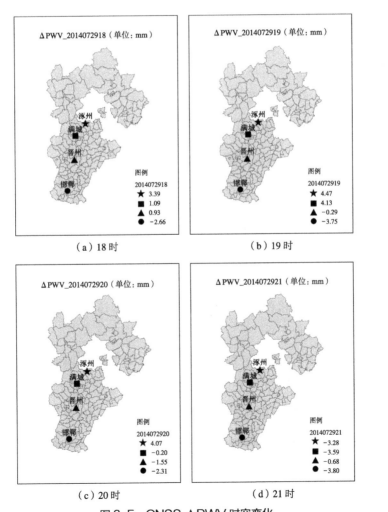

（a）18时　　　　　　　　　　　　　　　（b）19时

（c）20时　　　　　　　　　　　　　　　（d）21时

图 3-5　GNSS ΔPWV 时空变化

3.3.2 由西北至东南方向的水汽通道存在性验证

在河北省由西北至东南方向上随机选择沽源、滦平、遵化 3 个站点。针对 2014 年 6 月 8 日、6 月 17 日和 8 月 4 日的 3 次降水过程的 GNSS △PWV 变化进行比较分析，如图 3-6 所示。

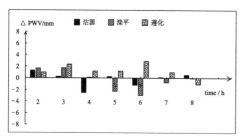

（a）6 月 8 日

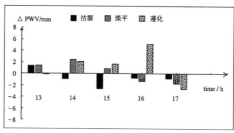

（b）6 月 17 日

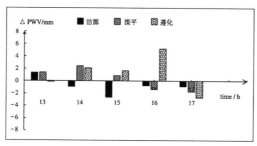

（c）8 月 4 日

图 3-6　GNSS △PWV 比较

图 3-7 用 ArcGIS 软件绘制 2014 年 6 月 8 日的 13 时至 17 时的 △PWV 的时空变化图。

针对 2014 年 6 月 8 日、6 月 17 日和 8 月 4 日夏季由西北向东南的 3 次降水过程，由图 3-6 和图 3-7 可看出，沽源、滦平、遵化 3 个 GNSS 站点△PWV 值在由正变负的过程中，存在时间上的差异性，且变化次序符合由西北向东南的方向。结合同期实际时值降水数据，2014 年 6 月 8 日 3 个站点的降水时间分别为 14：00、16：00 和 17：00；6 月 17 日的降水时间分别为 04：00、05：00 和 08：00；8 月 4 日的降水时间分别为 19：00、21：00 和 22：00。由此可知，当

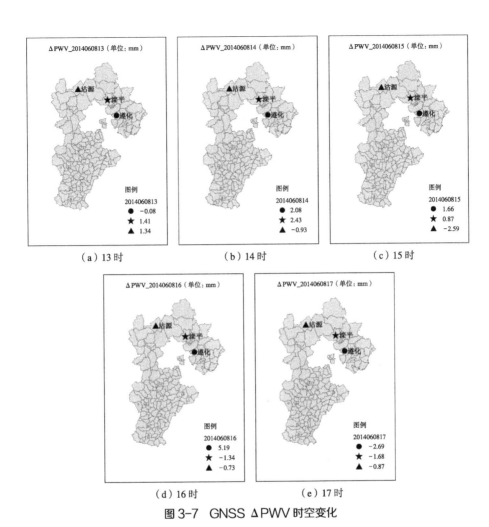

图 3-7　GNSS △PWV 时空变化

△PWV 值在由正值变为负值的过程中相应的发生降水。由于沽源、滦平、遵化等城市主要位于河北的西北部，且该地区受西北气流控制，因此到达河北省西北部的水汽主要来自西北方向，其水汽通道是因为在夏季南方暖流伸展不到华北地区、只能影响江淮区域，因此在华北地区，冷暖气流无法交汇，受到单一干冷的西北气流控制[80]，河北省西北部的沽源、滦平、遵化等城市主要受西北水汽通道的影响。同时沽源、滦平、遵化 3 个站点 △PWV 在时间变化上的差异也证明了河北省存在西北至东南方向的水汽输送路径。

3.4　基于 GNSS 的河北省区域 MODIS 水汽季节性模型校正研究

水汽的变化是引发暴雨灾害的关键要素之一，MODIS 具有空间分辨率高和空间范围大的优势，受地面光谱反射误差等影响，MODIS 反演水汽精度不高。GNSS 水汽反演具有不受天气影响和时间分辨率高的优势，由于地基 GNSS 站点密度的限制，仅可提供离散点的水汽值，难以反映详细的空间水汽变化情况。综合两者优势，利用 GNSS 水汽校正 MODIS 水汽具有重要的研究价值。

MODIS 获取的水汽为大面积连续数据，单站点模型校正 MODIS 区域水汽的效果难以保证。因此，有必要针对某一区域，选择多个 GNSS 站点进行区域 MODIS 水汽校正研究。由于季节性差异，不同季节的水汽差异较大，对于 MODIS 水汽的校正需要分季节构建。本文以河北省为例，利用河北省 CORS 网 GNSS 观测和 MODIS 水汽开展区域 MODIS 水汽校正研究，以期为区域水汽监测预警提供一种更为有效的手段。

3.4.1　研究区域与数据获取

河北省地处华北平原，东临渤海、内环京津，省内包含山区、平原等地理环境。依据地理位置、地形条件以及降水异常区域特点[80]将河北省分为三个区域，分别是南部平原区（安国、平山、南和、涉县）、冀北山地区（沽源、涞源、尚义、怀来）、东部滨海平原区（乐亭、文安、枣强、吴桥）。图 3-8 为 12 个河北 CORS 站点及区域分布图。

研究的 MODIS 水汽与 GPS 水汽数据时间为 2014 年 1 月到 2015 年 4 月，GPS

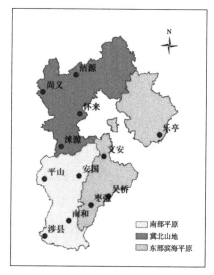

图 3-8　河北 CORS 站点及区域分布图

水汽计算和 MODIS 水汽获取过程如下：

（1）GPS 水汽由 2014 年 1 月到 2015 年 4 月河北省 GPS CORS 观测数据反演获得，GPS 水汽解算方案如下：采用高精度定位定轨软件 GAMIT 和 IGS 精密星历，解算方式为松弛解模式，引入同期国内 IGS 站点 WUHN、BJFS、SHAO 等数据联合解算，并结合相应站点的气象数据解算获得 GNSS 站点每小时的水汽数据，采样间隔 30s，观测时间为北京时间 00：00 ～ 24：00。

（2）MODIS（Moderate-Resolution Imaging Spectroradiometer，中分辨率成像光谱仪）是搭载在 EOS 系列卫星上的仪器，其最大空间分辨率可达 250m。根据 MODIS 多波段数据能够反演出陆地表面状况、海洋水色、浮游植物、大气水汽、地表温度、气溶胶等特征的信息。下面列出 MODIS 中可以用于水汽反演的近红外波段，如表 3-2 所示。

MODIS 水汽反演的近红外波段　　　　　　　　　表 3-2

波段 /μm	光谱范围 /μm	中心波长 /μm	波段带宽 /μm	空间分辨率 /m
2	0.841 ～ 0.876	0.865	0.035	250
5	1.230 ～ 1.250	1.240	0.020	500
17	0.890 ～ 0.920	0.905	0.030	1000
18	0.931 ～ 0.941	0.936	0.010	1000
19	0.915 ～ 0.965	0.940	0.050	1000

MODIS 水汽数据是通过在网站 https://ladsweb.modaps.eosdis.nasa.gov/ 下载 2014 年 1 月到 2015 年 4 月 MOD05 和 MYD05 水汽产品，利用 ENVI 软件，和所选取的 12 个 GPS 站点的精确经纬度坐标来获取各个测站上下午的数据，MODIS 水汽为一天两次数据，MODIS 水汽单位为 mm。每日观测时间为 UTC 00：00 ～ 12：00。

3.4.2　GNSS 水汽与 MODIS 水汽相关性分析

为了构建基于 GNSS 的 MODIS 水汽校正模型，有必要先进行 MODIS 水汽与 GNSS 水汽的相关性比较。本节分别以城市和区域两个层面、全年和季节分别开展 MODIS 水汽与 GNSS 水汽的比较，分析两者的相关性，为模型构建提供基础。

（1）基于城市 GNSS 水汽与 MODIS 水汽的相关性比较

以沽源、安国、乐亭为例，开展 MODIS 水汽与 GPS 水汽的相关性比较见图 3-9。

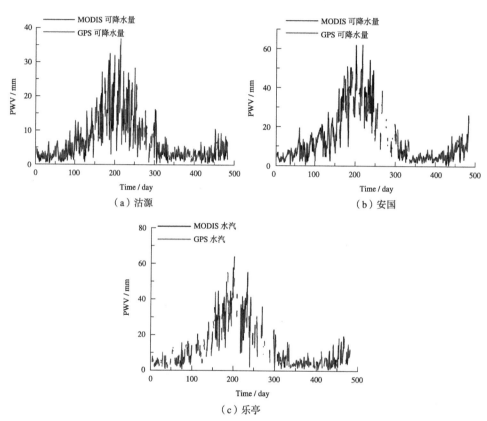

（a）沽源　　　　　　　　　　　　（b）安国

（c）乐亭

图 3-9　MODIS 水汽与 GPS 水汽的相关性比较

由图 3-9 可知，夏季 MODIS 水汽与 GPS 水汽较大，冬季 MODIS 水汽与 GPS 水汽较小，春季和秋季 MODIS 水汽与 GPS 水汽基本介于夏季和冬季之间。两者变化趋势基本一致。但存在偏差。针对河北省站点四季水汽差异较大的特点，分季节对河北省 12 个城市的 MODIS 水汽与 GPS 水汽进行相关性、平均偏差和均方根误差的统计见表 3-3。

城市与 GNSS 站点的 MODIS PWV 与 GNSS PWV 相关性统计　　表 3-3

	安国					平山				
	整年	春	夏	秋	冬	整年	春	夏	秋	冬
相关性系数	0.954	0.882	0.683	0.93	0.916	0.956	0.851	0.804	0.915	0.923
平均偏差 /mm	0.82	−0.1	3.79	0.84	−0.04	0.8	−0.13	2.94	0.27	0.14
均方根误差 /mm	4.12	2.51	8.14	3.18	0.88	4.26	2.5	7.39	3.52	0.55
样本数	635	220	126	85	204	264	67	66	60	71
	南和					涉县				
	整年	春	夏	秋	冬	整年	春	夏	秋	冬
相关性系数	0.951	0.881	0.741	0.952	0.822	0.957	0.905	0.792	0.949	0.882
平均偏差 /mm	0.81	0.12	2.77	1.07	0.31	−0.3	−0.87	0.13	−0.23	−0.05
均方根误差 /mm	4.11	2.66	8.11	3.44	1.23	3.34	2.04	6.28	2.18	0.9
样本数	597	206	112	80	199	535	177	121	68	169
	沽源					涞源				
	整年	春	夏	秋	冬	整年	春	夏	秋	冬
相关性系数	0.912	0.793	0.704	0.816	0.803	0.948	0.922	0.767	0.97	0.899
平均偏差 /mm	−0.17	−0.27	0.32	−0.2	−0.34	0.25	−0.02	0.95	0.45	0.04
均方根误差 /mm	2.67	1.83	4.95	2.74	0.79	2.98	1.42	6.25	1.49	0.68
样本数	787	271	144	136	236	573	189	114	70	200
	尚义					怀来				
	整年	春	夏	秋	冬	整年	春	夏	秋	冬
相关性系数	0.803	0.784	0.694	0.715	0.774	0.956	0.95	0.761	0.944	0.907
平均偏差 /mm	−1.26	−0.53	−2.04	−2.23	−0.32	−0.36	−1.21	1.84	−0.76	−1.09
均方根误差 /mm	4.91	2.19	6.77	4.53	1.05	3.5	1.97	6.22	2.15	1.45
样本数	772	202	237	145	188	472	178	116	81	97
	乐亭					文安				
	整年	春	夏	秋	冬	整年	春	夏	秋	冬
相关性系数	0.946	0.905	0.718	0.931	0.898	0.96	0.931	0.742	0.923	0.875
平均偏差 /mm	1.04	0.54	3.22	1.08	0.24	0.01	0.16	−0.18	0.15	−0.1
均方根误差 /mm	4.36	2.28	9.03	2.97	0.95	4.1	2.08	8.06	3.32	1.05
样本数	589	206	113	85	185	583	199	119	94	171
	枣强					吴桥				
	整年	春	夏	秋	冬	整年	春	夏	秋	冬
相关性系数	0.948	0.901	0.721	0.917	0.859	0.951	0.874	0.743	0.93	0.893
平均偏差 /mm	1.15	0.46	4.5	0.56	0.13	0.81	0.04	3.44	0.41	0.08
均方根误差 /mm	4.49	2.49	9.06	3.62	0.91	4.38	2.62	8.5	3.48	0.98
样本数	550	189	105	87	169	544	173	113	74	184

注：表示在 0.01 水平（双侧）上显示相关。

由表3-3可知，通过12个城市的四季和全年的 MODIS 水汽与 GPS 水汽的相关性系数、均方根误差统计，夏季的相关系数最小，为0.683，春季、秋季、冬季的相关系数接近，均高于夏季，说明两者的变化趋势基本一致；由于夏季水气值偏高，冬季最低，导致季节均方根误差差异性明显，夏季最大，冬季最小且均小于1，说明夏季相关性最差，冬季相关性最好。统计结果表明：MODIS 水汽与 GPS 水汽的相关程度密切，且存在偏差。

（2）基于不同区域 GNSS 水汽与 MODIS 水汽的相关性比较

分别以南部平原、冀北山地、东部滨海平原三个区域类型开展 MODIS 水汽与 GNSS 水汽的分季节性相关性比较，统计各区域四季 MODIS 水汽与 GNSS 水汽的相关性系数、平均偏差和均方根误差（表3-4）。

不同区域类型的 MODIS PWV 与 GNSS PWV 的相关性统计　　表 3-4

季节	区域	相关性系数	平均偏差 /mm	均方根误差 /mm	样本数
全年	南部平原	0.953	0.52	3.94	2031
	冀北山地	0.914	−0.44	3.47	2604
	东部滨海平原	0.951	1.05	4.33	2266
春季	南部平原	0.882	−0.24	2.45	670
	冀北山地	0.880	−0.48	1.87	840
	东部滨海平原	0.906	0.40	2.37	767
夏季	南部平原	0.753	2.34	7.53	425
	冀北山地	0.818	−0.19	6.18	611
	东部滨海平原	0.726	3.91	8.66	450
秋季	南部平原	0.939	0.54	3.13	293
	冀北山地	0.830	−0.88	3.23	432
	东部滨海平原	0.925	0.61	3.35	340
冬季	南部平原	0.879	0.09	0.98	643
	冀北山地	0.877	−0.33	0.95	721
	东部滨海平原	0.884	0.15	0.97	709

注：表示在 0.01 水平（双侧）上显示相关。

由表 3-4 可知，三种区域类型的 MODIS 水汽与 GPS 水汽的比较中，河北省三个区域夏季 MODIS 水汽与 GPS 水汽的相关性系数最小，其中滨海平原地区最小值达到 0.726，均方根误差达到 8.66mm。由图 3-9 结合表 3-3、表 3-4 的统计分析，说明了在河北省研究区域 MODIS 水汽存在偏差，鉴于 MODIS 水汽与 GPS 水汽的显著正相关特性，可以采用 GPS 水汽进行 MODIS 水汽分季节的校正。

3.4.3 基于 GNSS 的 MODIS 水汽校正模型

GNSS 水汽和 MODIS 水汽数据时间为春季 2014 年 3、4、5 月以及 2015 年 3、4 月；夏季 6 月、7 月、8 月；秋季 9 月、10 月、11 月；冬季 2014 年 12、1、2 月以及 2015 年 1、2 月；各季节模型可靠性验证时间为个季节的末 10 天（样本数 20）来进行可靠性检验。

（1）基于 GNSS 水汽与 MODIS 水汽校正模型构建

利用 GNSS 水汽构建 MODIS 水汽的校正模型，以 GNSS 站点和区域类型分季节分别构建 GNSS 站点所在城市和区域的 MODIS 水汽校正模型。利用 GNSS 水汽构建 MODIS 水汽的校正模型，以 MODIS 水汽为自变量，GNSS 水汽为应变量，采用线性回归方法获得。

表 3-5 和表 3-6 分别为城市 MODIS 水汽校正模型和区域 MODIS 水汽校正模型。

城市 MODIS 水汽校正模型　　　　　　　　　　　表 3-5

模型名称	安国					平山				
	全年	春季	夏季	秋季	冬季	全年	春季	夏季	秋季	冬季
常数项	1.436	2.207	10.051	1.026	0.525	1.515	1.861	9.869	2.148	0.217
MODI 模型系数	0.829	0.783	0.605	0.830	0.889	0.850	0.809	0.637	0.834	0.911
R²	0.916	0.759	0.508	0.879	0.838	0.918	0.671	0.674	0.834	0.852
样本数	555	200	106	65	184	184	47	46	40	51

模型名称	南和					涉县				
	全年	春季	夏季	秋季	冬季	全年	春季	夏季	秋季	冬季
常数项	1.337	1.935	12.246	0.679	0.602	1.376	1.464	10.906	1.184	0.748
MODI 模型系数	0.841	0.803	0.561	0.884	0.808	0.917	0.920	0.632	0.936	0.811
R²	0.912	0.776	0.615	0.908	0.672	0.915	0.814	0.650	0.896	0.778
样本数	517	186	92	60	179	455	157	101	48	149

模型名称	沽源					涞源				
	全年	春季	夏季	秋季	冬季	全年	春季	夏季	秋季	冬季
常数项	1.297	1.574	8.134	1.907	1.173	0.862	0.456	8.782	0.097	0.330
MODI 模型系数	0.823	0.695	0.508	0.733	0.681	0.861	0.916	0.584	0.930	0.877
R²	0.837	0.651	0.496	0.673	0.649	0.905	0.855	0.585	0.940	0.808
样本数	707	251	124	116	216	493	169	94	50	180

模型名称	尚义					怀来				
	全年	春季	夏季	秋季	冬季	全年	春季	夏季	秋季	冬季
常数项	2.351	1.713	5.880	2.954	0.798	2.584	2.434	11.047	1.785	2.010
MODI 模型系数	0.835	0.754	0.657	0.884	0.815	0.823	0.816	0.565	0.878	0.802
R²	0.651	0.633	0.509	0.508	0.606	0.911	0.909	0.571	0.887	0.821
样本数	693	182	217	125	168	392	158	96	61	77

模型名称	乐亭					文安				
	全年	春季	夏季	秋季	冬季	全年	春季	夏季	秋季	冬季
常数项	1.083	0.603	14.441	0.740	0.560	0.969	0.630	8.025	1.425	0.521
MODI 模型系数	0.829	0.855	0.488	0.841	0.811	0.844	0.871	0.656	0.866	0.842
R²	0.901	0.819	0.524	0.866	0.805	0.925	0.876	0.548	0.848	0.766
样本数	509	186	93	65	165	503	179	99	74	151

模型名称	枣强					吴桥				
	全年	春季	夏季	秋季	冬季	全年	春季	夏季	秋季	冬季
常数项	1.333	1.178	9.571	1.822	0.689	1.557	1.537	8.693	0.721	0.628
MODI 模型系数	0.826	0.835	0.611	0.854	0.822	0.821	0.828	0.650	0.879	0.844
R²	0.900	0.813	0.525	0.827	0.751	0.911	0.823	0.573	0.886	0.797
样本数	470	169	85	67	149	464	153	93	54	164

区域 MODIS 水汽校正模型

表 3-6

季节	区域	常数项	MODIS 模型系数	R2	样本数
全年	南部平原	1.439	0.853	0.913	1711
	冀北山地	1.615	0.846	0.838	2284
	东部滨海平原	1.203	0.831	0.910	1946
春季	南部平原	2.004	0.812	0.771	590
	冀北山地	1.312	0.834	0.786	760
	东部滨海平原	0.996	0.842	0.826	687
夏季	南部平原	11.293	0.519	0.607	345
	冀北山地	6.186	0.670	0.684	531
	东部滨海平原	11.470	0.565	0.543	370
秋季	南部平原	1.234	0.864	0.886	213
	冀北山地	2.233	0.827	0.675	352
	东部滨海平原	1.196	0.870	0.852	260
冬季	南部平原	0.595	0.841	0.773	563
	冀北山地	0.740	0.813	0.692	641
	东部滨海平原	0.596	0.823	0.763	629

表 3-5 和表 3-6 中的 R^2 为决定系数，即拟合的模型能解释因变量变化的个数占总样本的比值。由于各季节城市模型和区域模型的 R^2 夏季最低，其他季节均高于夏季，表明夏季各个模型能够解释因变量变化情况劣于其他季节。

（2）模型可靠性检验

以乐亭、晋州、兴隆为例，开展城市和区域 MODIS 水汽校正模型的可靠性验证，以 GPS 水汽为标准值，通过城市和区域模型分别反演三个站点的 MODIS 水汽校正值，结合 MODIS 水汽原始值，比较模型校正效果（图 3-10）。

由图 3-10 可知，与 MODIS 水汽相比，城市模型和区域模型校正的 MODIS 水汽值更为接近 GPS 水汽值，由于乐亭站 MODIS 水汽与 GPS 水汽的差异较大，该站点的城市模型和区域模型的 MODIS 水汽值的校正效果更为明显。

以 GNSS 水汽为标准值，分别以城市模型、区域模型反演的 MODIS 水汽值与 GNSS 水汽值差值进行模型可靠性检验。表 3-7、表 3-8、表 3-9 为分季节统计的 MODIS 校正水汽与 GNSS 水汽的平均偏差和均方根误差。

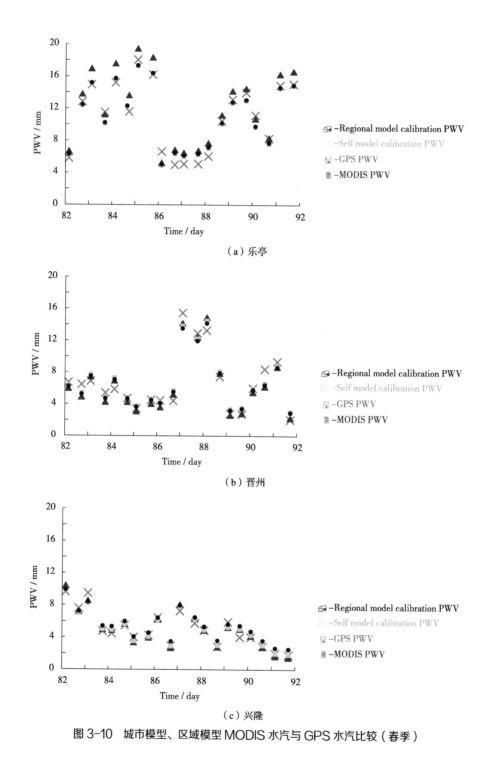

（a）乐亭

（b）晋州

（c）兴隆

图 3-10　城市模型、区域模型 MODIS 水汽与 GPS 水汽比较（春季）

南部平原区域的城市、区域模型可靠性检验统计　　　　表 3-7

季节	站点	城市模型			区域模型		
		平均偏差 /mm	均方根误差 /mm	样本数	平均偏差 /mm	均方根误差 /mm	样本数
春季	安国	0.65	1.81	20	0.80	1.86	20
	平山	−0.74	2.45	20	−0.56	2.40	20
	南和	0.01	2.57	20	0.21	2.60	20
	涉县	−0.44	1.65	20	−0.83	1.75	20
夏季	安国	−1.01	6.70	20	−0.26	6.58	20
	平山	0.97	4.80	20	0.86	4.65	20
	南和	0.05	6.16	20	0.06	6.27	20
	涉县	1.81	4.14	20	0.97	3.75	20
秋季	安国	−0.90	2.49	20	−0.44	2.41	20
	平山	0.65	3.15	20	−0.07	3.14	20
	南和	0.05	2.58	20	0.45	2.59	20
	涉县	0.91	1.95	20	0.50	1.67	20
冬季	安国	−0.02	0.64	20	−0.16	0.63	20
	平山	0.08	0.40	20	0.17	0.41	20
	南和	0.21	0.83	20	0.35	0.89	20
	涉县	0.18	0.70	20	0.11	0.70	20

冀北山地区域的城市、区域模型可靠性检验统计　　　　表 3-8

季节	站点	城市模型			区域模型		
		平均偏差 /mm	均方根误差 /mm	样本数	平均偏差 /mm	均方根误差 /mm	样本数
春季	沽源	−0.42	1.61	20	−0.09	1.76	20
	涞源	−0.38	1.40	20	−0.06	1.39	20
	尚义	0.19	1.88	20	0.07	1.92	20
	怀来	−0.68	1.35	20	−1.69	2.05	20
夏季	沽源	0.92	4.21	20	1.54	4.39	20
	涞源	−0.96	4.98	20	−1.70	5.27	20
	尚义	−2.40	6.68	20	−1.94	6.55	20
	怀来	2.22	4.24	20	0.25	3.64	20
秋季	沽源	−0.54	2.00	20	0.07	2.00	20
	涞源	0.22	0.75	20	1.85	1.97	20
	尚义	1.36	2.37	20	0.46	1.97	20
	怀来	−0.95	1.38	20	−0.80	1.27	20
冬季	沽源	0.27	0.75	20	0.17	0.74	20
	涞源	−0.02	0.62	20	0.19	0.63	20
	尚义	0.13	0.96	20	0.06	0.95	20
	怀来	−0.43	0.57	20	−1.64	1.69	20

山区区域的城市、区域模型可靠性检验统计　　　　表 3-9

季节	站点	城市模型			区域模型		
		平均偏差 /mm	均方根误差 /mm	样本数	平均偏差 /mm	均方根误差 /mm	样本数
春季	乐亭	−0.64	1.87	20	−0.37	1.79	20
	文安	−0.07	1.93	20	−0.01	1.92	20
	枣强	−0.11	2.05	20	−0.21	2.06	20
	吴桥	−1.38	2.51	20	−1.77	2.77	20
夏季	乐亭	2.51	5.29	20	1.92	5.43	20
	文安	1.27	5.95	20	1.61	5.95	20
	枣强	0.32	6.40	20	0.53	6.39	20
	吴桥	−1.35	6.76	20	−1.44	6.57	20
秋季	乐亭	−0.08	2.12	20	0.57	2.23	20
	文安	0.56	2.59	20	0.36	2.56	20
	枣强	1.40	2.71	20	0.90	2.53	20
	吴桥	−0.26	2.74	20	−0.80	2.72	20
冬季	乐亭	0.25	0.81	20	0.21	0.79	20
	文安	0.28	0.85	20	0.29	0.85	20
	枣强	0.36	0.89	20	0.27	0.86	20
	吴桥	0.11	0.88	20	0.11	0.88	20

由表 3-7 ~ 表 3-9 可看出，区域模型的校正精度都与自身模型的校正精度相差不大，由于 12 个测站的夏季水汽值最高，冬季最低，因此均方根误差夏季值最大，达到 6.76mm，而冬季均方根误差均小于 1mm，春季均方根误差的最大值 2.77mm，秋季均方根误差最大值为 3.15mm，模型都优于未校正之前的 MODIS 水汽精度。精度满足气象领域应用要求，区域模型对于区域内的各个测站都有良好的校正效果，具有较好的普适性。

3.5　BJFS ZTD 时序特征分析及其与年降水量的关系

近些年来中国极端降水灾害频发，2018 年 7 月 21 日和 7 月 24 日京津冀地区发生两次特大暴雨，造成城市严重内涝、引发部分山区泥石流等灾害，极端降水与年降水量变化之间关系密切，我国西北地区极端强降水事件趋于频繁，华北地区虽然极端降水频数明显减少，但极端降水量占总降水量的比例仍有所增加[81]。年降水量的预测研究对于气候预测、极端天气分析具有重要意义。水汽是影响降水的关键要素之一，利用 GNSS 观测数据反演高精度连续水汽序列。多位学者针对区域降水与 GNSS 天顶对流层延迟（ZTD）、水汽（PWV）的关系开展了相关研究[82-87]：水汽值大小和其增幅与降水过程存在较好的对应关系，对短时强降水预报或暴雨临近预报有较好的指示意义。GNSS 水汽与 ZTD 具有较好的对应关系，在无气象要素或气象要素缺失时段可选用 ZTD 替代水汽进行时序分析[88, 89]。国内外相关研究大多基于 ZTD、水汽与降水的比较研究，对于长时序 ZTD、水汽的分析较少。极端降水与年降水量密切相关[90, 91]，开展 GNSS 水汽或相关数据与年降水量的关系研究有助于极端天气预测。

IGS（International GNSS Service）中国站点目前已积累 20 余年的历史数据，如何利用长时序水汽或 ZTD 数据进行气候变化分析是一个值得深入研究的问题。选择中国大陆地区的 IGS GNSS 站点开展 GNSS ZTD 长时序特征分析及其与年降水量的关系研究。

3.5.1 研究数据与数据处理

1）研究数据

研究数据主要包括 IGS GNSS 站点 ZTD 序列、降水数据及同期气候资料。

（1）IGS 网站提供 GNSS 原始观测数据、精密星历、测站坐标序列的同时，还提供 GNSS 测站 ZTD 解算结果（ftp：//cddis.gsfc.nasa.gov），ZTD 采样率为两小时一个观测值。本文研究选择数据较为连续的北京（BJFS）站点开展相关分析。BJFS 站点的 ZTD 数据为 2000 年 1 月 1 日～2017 年 12 月 31 日。ZTD 数据部分时间缺失，少量数据缺失对于长时序分析影响较小，对于缺失数据采用 SPSS 软件进行缺失值处理。

（2）降水数据为 1997 年～2017 年的日降水量数据（https://en.tutiempo.net），降水量数据的单位为 mm。各个站点每年的降水数据都有小部分日值数据缺失，对于论文研究的影响较小。

2）数据处理

水汽 PWV 的获取过程如下：利用高精度解算软件 GAMIT 计算测站对流层延迟 ZTD，逐日计算，每 1 小时估算 1 个对流层延迟，利用气象要素结合 Saastamoinen 模型计算测站静力学延迟，对流层延迟取出静力学延迟后获得对流层湿延迟，湿延迟经过一定的变换，可转化为水汽[92]。用 BJFS 站 2009 年 6 月 1 日 ~ 2012 年 4 月 30 日的 ZTD 数据和地面气象数据计算得到 PWV 数据，PWV 单位为 mm。

小波变换是一种信号的时间 - 频率分析方法，在时频两域都具有表征信号局部特征的能力。本文选择紧支撑标准正交小波 DbN 小波系，DbN 系列小波随着阶次增加，消失矩阶数增加，频带划分的效果更好。选用 DbN 小波对 ZTD 作小波变换，对其分解后得到高频系数与低频系数，高频部分是由各种干扰噪声、异常突变、周期和随机波动等构成，低频部分则反映了 ZTD 的主要特征，如演变趋势。DbN 小波的选择，利用不同的 DbN 小波获得的高频与低频序列进行对应的相关性分析，寻找相关性最好的小波基函数和层数。经过试验分析比较，最终选定 Db7 小波来进行 ZTD 序列的分解。小波分解层数与数据长度有关，ZTD 数据小波分解层数为 17，小波分解重构后进行年周期变化分析，年周期变化为第 13 层数据重构之后得到，ZTD 年周期变化结合降水数据和其他气象气候数据进行分析。BJFS 站 PWV 时间序列，同样用 Db7 小波基函数来分解，分解层数为 15 层，分解后的 PWV 数据的第 12 层对应为年周期变化。

3.5.2　ZTD 长时序特征分析

ZTD 取代 PWV 的可行性

IGS 提供 20 余年或近 20 年的 ZTD 数据，ZTD 数据转化为 PWV 需要获取同期的气压和温度数据，而部分 IGS 中国站点没有相应的气象数据。因此，有必要开展 ZTD 取代 PWV 的可行性分析。BJFS 站设有气象观测仪器，选择该站点 2009 年 6 月 1 日 ~ 2012 年 4 月 30 日 GNSS 观测数据和气象观测要素开展

ZTD 与 PWV 的相关性比较，进而分析 ZTD 取代 PWV 的可行性。图 3-11 为 BJFS 站点 ZTD 与 PWV 的比较。

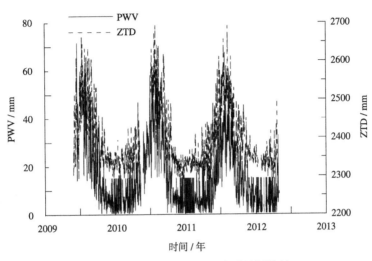

图 3-11　BJFS 站点 ZTD 与 PWV 比较

由图 3-11 可以看出 ZTD 与 PWV 的变化趋势相同，计算两者的相关性，相关性为 0.805，显著性检验值为 0.00，小于 0.01，通过显著性检验，说明可用 ZTD 代替 PWV 进行分析。

3.5.3　基于小波变换的 ZTD 长时序特征分析

以 BJFS 站为例，分析小波分解重构后的 ZTD 长时序特征，图 3-12（a）~（c）为小波分解重构的半年、一年和两年周期项序列，图 3-12（d）为北京市年降水量，由于北京降水集中于 6 ~ 8 月，因此北京年降水量标注于该年的 0.5 年处。

图 3-12（a）为北京 ZTD 半年周期变化，可看出其每两个高峰中有一个小高峰变化情况，呈半年周期规律变化。北京地区冬季虽然气候干燥，但相对于春秋两季节 ZTD 序列会有一个小峰值。由图 3-12（a）和图 3-12（b）的对比分析，冬季的小峰值对于 ZTD 年周期的变化情况影响不大，基本不影响 ZTD 年周期的峰值变化规律。可以得到结论：北京地区的夏季 ZTD 峰值主导年 ZTD

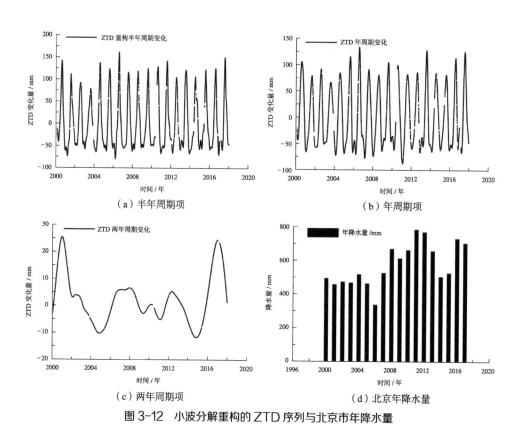

（a）半年周期项

（b）年周期项

（c）两年周期项

（d）北京年降水量

图 3-12　小波分解重构的 ZTD 序列与北京市年降水量

峰值变化，并且能够验证北京地区夏季降水量主导年降水量的结论[13]。由图 3-12（b）和图 3-12（d）对比分析可以发现：ZTD 年周期项各年的峰值大小与对应年份的年降水量大小变化较为一致，除个别年份外，大部分年份的 ZTD 周期项峰值高，对应的年降水量值也大；ZTD 周期项峰值低，对应的年降水量值也小，两者变化存在较为一致的对应关系，可用 ZTD 年周期项峰值的高低来预测年降水量的多少。

3.5.4　ZTD 年周期变化序列与年降水量比较

由图 3-13 ~ 图 3-15 可看出，北京、拉萨和乌鲁木齐的年降水量多少与小波分解重构后的 ZTD 年周期序列的峰值变化存在较为一致的对应关系，除个别年份 ZTD 年周期变化的峰值大小与年降水量的多少不对应外，其他年份的 ZTD

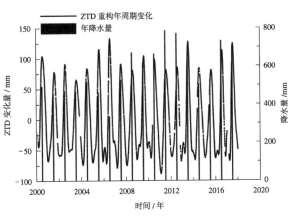

图 3-13 北京 ZTD 年周期高频项与年降水量

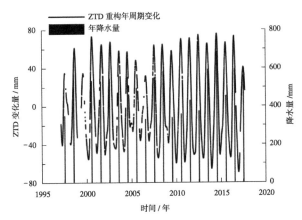

图 3-14 拉萨 ZTD 年周期高频项与年降水量

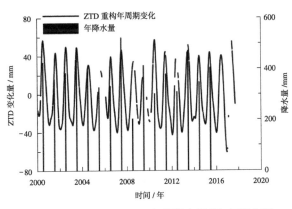

图 3-15 乌鲁木齐 ZTD 年周期高频项与年降水量

年周期变化的峰值大小与年降水量的多少对应关系明显：ZTD 峰值大，对应年份的年降水量值也大，这说明可以利用 ZTD 年周期变化序列的峰值变化来预测年降水量的变化。对于个别年份 ZTD 年周期变化的峰值大小与年降水量的多少不对应，通过 ENSO 事件（厄尔尼诺、拉尼娜）的发生开展相应的原因分析。

表 3-10 和表 3-11 给出了 1997 ~ 2017 年中国大陆地区的厄尔尼诺和拉尼娜极端气候现象的起始结束时间，峰值时间和等级数据。

1997 ~ 2017 年厄尔尼诺事件特征表		表 3-10
起止时间	峰值时间	事件等级
1997 – 04 ~ 1998 – 04	1997 – 12	超强
2002 – 05 ~ 2003 – 03	2002 – 11	中等
2004 – 07 ~ 2005 – 01	2005 – 01	弱
2006 – 08 ~ 2007 – 01	2006 – 12	弱
2009 – 06 ~ 2010 – 04	2009 – 12	中等
2014 – 10 ~ 2016 – 04	2015 – 12	超强

1997 ~ 2017 年拉尼娜事件特征表		表 3-11
起止时间	峰值时间	事件等级
1998 – 07 ~ 2000 – 06	2000 – 01	中等
2000 – 10 ~ 2001 – 02	2000 – 12	弱
2007 – 08 ~ 2008 – 05	2008 – 01	中等
2010 – 06 ~ 2011 – 05	2010 – 12	中等
2011 – 08 ~ 2012 – 03	2011 – 12	弱
2014 – 10 至今	2016 – 04	超强

注：ENSO 气候事件特征数据来源于国家气候中心网站
（http://cmdp.ncc – cma.net/download/ENSO/Monitor/ENSO_history_events.pdf）。

由图 3-13 ~ 图 3-15 对比分析发现：北京市 2005 年和 2006 年，拉萨市的 2000 年、2002 年和 2009 ~ 2012 年、2015 年还有乌鲁木齐市的 2008、2010、2012 和 2014 年的年降水量与 ZTD 年周期峰值不对应，这些时间的年降水量均偏小。

结合表 3-10 和表 3-11 的 ENSO 极端气候事件表分析，造成年降水量偏小的原因为：拉尼娜现象和厄尔尼诺现象的影响。北京地区在 2005 年和 2006 年年降水量与 ZTD 年周期峰值呈反比，结合表 3-10 分析：在 2005 年和 2006 年发生了厄尔尼诺事件，且 2005-01 和 2006-12 为厄尔尼诺事件峰值所以 2005 年和 2006 年所受影响较大。在厄尔尼诺发生时期，华北地区夏季降水比常年偏少；而拉尼娜时期情况相反，华北地区夏季降水比常年偏多。

分析拉萨地区年降水偏少的原因均为拉尼娜事件影响，拉尼娜事件后西南地区夏季降水较少，影响年降水量，而且极端降水事件与强 ENSO 信号对比滞后半年，所以 2009 年虽然没有发生拉尼娜事件但是该年年降水量依然受到严重影响。拉尼娜同时也会造成乌鲁木齐地区降水偏少，由表 3-11 可知在在 2008、2010、2014 和 2014 年发生拉尼娜现象，所以在该 4 年降水量偏低。

分析图 3-13 ～图 3-15 发现：北京市 2008、2011、2012、2016 年和乌鲁木齐的 2003、2007、2009 年的年降水量相对于 ZTD 年周期峰值偏高。结合表 3-10 和表 3-11 可以发现 2008、2011、2012 和 2016 年均发生拉尼娜现象，而拉尼娜极端气候事件会造成华北地区降水量增加。乌鲁木齐的 2003、2007、2009 年降水量偏大原因为降水量气候异常的前一年发生厄尔尼诺现象，西北地区厄尔尼诺事件当年或者结束后下一年，西北地区的年平均降水量增加的概率大幅增大，这造成乌鲁木齐市在该三年的降水量偏大。ENSO 事件发生，ZTD 变化对应了可降水量（水汽的变化），而降水过程的发生，不仅取决于可降水量的多少和变化，还与温度、风速风向、大气传输有关，因而 ENSO 事件对 ZTD 变化和降水变化存在不一致情况。

通过对中国大陆地区 IGS 站点北京、拉萨、乌鲁木齐 GNSS ZTD 与年降水量的比较，获得以下结论：

（1）小波分解后的 ZTD 半年周期项呈现规律性为：冬夏高，春秋低。

（2）小波分解重构后的 ZTD 年周期高频项的峰值大小与年降水量大小存在较好的对应。

（3）开展了 ZTD 年周期序列与个别年份的年降水量不对应的原因分析，不对应的年份均发生了 ENSO 事件，影响了年降水量的变化，导致了 ZTD 年周期序列与个别年份的年降水量不对应。下一步研究，需综合考虑 ENSO 事件及 ZTD 时序特征与年降水量的关系变化。

3.6 基于小波变换的 GPS 水汽与气象要素的相关性分析

本书将利用北京市 2009 年至 2012 年 GPS 连续观测资料结合温度、气压观测序列开展相关性分析研究。由于 GPS 水汽、温度和气压序列的波动比较大，且存在着噪声的干扰，只能依据经验大致判断 GPS 水汽、温度和气压序列的演变趋势，无法深入分析演变过程中的多尺度特性。小波分析具有多分辨率特性，通过对 GPS 水汽、温度和气压序列的多尺度细分可分析其演变的周期性和规律性。

3.6.1 研究方法和数据处理

（1）小波变换理论

小波变换理论是一种时频分析方法，具有多分辨率的特点。把某一基本小波的函数作位移 τ，然后在不同尺度 a 下与分析信号 $f(t)$ 作内积：

$$\mathrm{Wf}(a,\tau) = \left\langle f(t), \Psi_{a,\tau}(t) \right\rangle = \frac{1}{\sqrt{a}} \int_R \Psi^* \left(\frac{t-\tau}{a} \right) \mathrm{d}t \qquad （3\text{-}2）$$

式（3-2）中，a 称为尺度因子，其作用是对基本小波 $\Psi_{a,\tau}(t)$ 函数作伸缩，τ 反映位移。在不同尺度下小波的持续时间随值的加大而增宽，幅值 $\sqrt{a}$ 则与反比减少，但波的形状保持不变。

经典小波函数主要有 Haar 小波、Daubechies 小波、Symlets 小波、Meyer 小波、Morlet 小波和 Mexican Hat 小波等，这些小波在对称性、紧支性、消失矩、正则性等方面均具有不同的特点。小波基的选择一般根据信号特征和实际应用效果而定。考虑到要对水汽、温度和气压序列进行多尺度分析、信号重构以及相关性分析，本文选择紧支撑标准正交小波 DbN 小波系。DbN 系列小波随着阶次增加，消失矩阶数增加，频带划分的效果更好，但会使时域紧支撑性减弱，同时计算量大大增加，实时性变差。

（2）研究资料及数据处理

研究数据为 GPS 水汽、温度和气压序列。研究数据时间为 2009 年 6 月 1 日~2012 年 4 月 30 日。温度和气压观测数据为气象自动观测站地表观测数据，小时观测。

GPS 水汽解算方案如下：解算软件为 GAMIT10.6，星历为 IGS 精密星历，解算方式为 Relax，卫星高度角 10 度，引入同期国内 IGS 站点 WUHN、LHAZ、URUM、SHAO 等数据联合解算，站点天顶对流层延迟的解算为每小时估算一个值，结合站点气象观测数据可以获得 GPS 站点时值水汽，GPS 水汽单位为 mm。由于部分时段 GPS 数据、气压观测数据缺失，GPS PWV 序列数据不完整，本书利用 SPSS 软件对缺失的数据进行了缺失值处理。

3.6.2　GPS 水汽与温度、气压的比较

将各站点的 GPS 水汽序列与温度、气压序列进行比较（由于论文篇幅限制，仅以 YANQ 测站为例，见图 3-16），并统计 GPS 水汽与温度、气压序列的相关性（表 3-12），显著性检验值为 0，相关性统计均通过显著性检验。

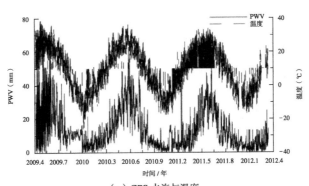

（a）GPS 水汽与温度

图 3-16　GPS 水汽与温度、气压序列的比较（YANQ）（一）

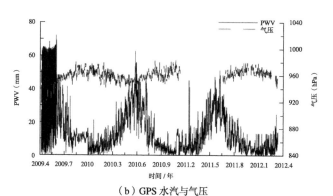

（b）GPS 水汽与气压

图 3-16　GPS 水汽与温度、气压序列的比较（YANQ）（二）

GPS 水汽与温度、气压的相关性分析　　　　　　　表 3-12

测站	GPS PWV&T	GPS PWV&P
BJFS	0.651	−0.601
SHIJ	0.555	−0.808
YANQ	0.629	−0.501
ZHAI	0.636	−0.438

由图 3-16 和表 3-12 可看出，GPS 水汽与温度存在显著正相关特性，随着温度变化，地表水汽蒸发也会相应地增多或减少，而地表水汽蒸发是大气可降水量的主要来源。而 GPS 水汽与气压存在显著负相关特性，随着气压的增大，会抑制地表水汽的蒸发，从而降低大气可降水量。图 3-16 的 GPS 水汽、温度和气压序列由于存在噪声干扰，只能大致判断水汽、温度和气压的演变趋势。小波分析具有多分辨率特性，通过对水汽、温度和气压序列的多尺度细分来分析水汽、温度和气压序列的相关性。

3.6.3　基于小波变换的 GPS 水汽与温度、气压的相关性分析

通过小波变换对水汽、温度和气压序列进行分解，可得到不同时间尺度上的小波系数，这些小波系数可用来描述水汽、温度和气压的多尺度结构和变化特征。水汽、温度和气压序列经小波分解后可以得到低频系数和高频系数，其

中低频系数主要由确定性成分构成，反映了水汽、温度和气压演变的主要特征，如演变趋势和周期等，高频部分是由各种干扰噪声、异常突变和随机波动构成，反映水汽、温度和气压的突变和扰动等。为了减少各种高频噪声对水汽信、温度和气压序列的干扰，更好地反映出水汽、温度和气压的演变趋势和变化规律，需要对它们进行小波分解后选择合适的级数进行重构。

实验过程如下：通过对 2009 年 6 月 ~ 2012 年 4 月 GPS 水汽、温度和气压序列进行小波分解与重构，对比各小波基分解后各层的 GPS 水汽、温度和气压序列，寻找对应关系最好的那一组。经过试验比较，综合考虑算法的分析效果和计算效率，最终选定 Db14 小波来进行 GPS 水汽、温度和气压序列分解与重构。该小波正则性较好，能够检测出信号中的奇异点；支撑长度较小，能够对奇异点进行准确的定位；对称性较好，能满足 GPS 水汽、温度和气压信号重构的要求。经实验，第 13 层低频数据能够很好地反映水汽的变化趋势，小波分解层数设定为 13。

3.6.4　基于低频信号重构的 GPS 水汽与温度、气压演变趋势比较

利用 db14 小波基函数分别对 GPS 水汽、温度和气压序列进行小波分解，并选择低频信号 a13 进行重构，重构后的 GPS 水汽序列与温度、气压见图 3-17（其中 2011 年 2 月 15 日 ~ 2011 年 8 月 28 日气压数据缺失）。

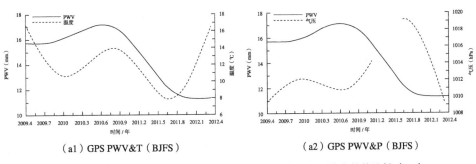

（a1）GPS PWV&T（BJFS）　　　　（a2）GPS PWV&P（BJFS）

图 3-17　基于小波变换重构的 GPS 水汽与温度、气压演变趋势比较（一）

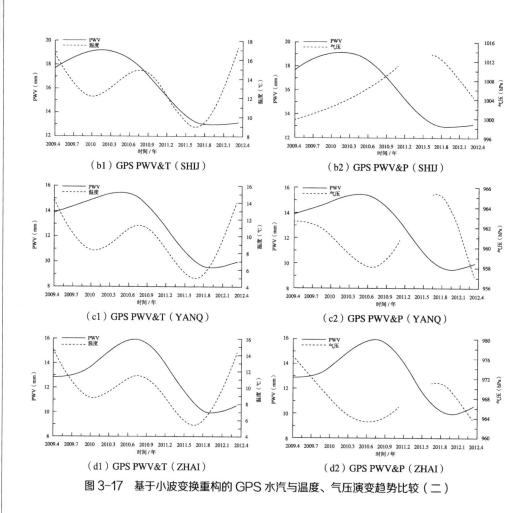

（b1）GPS PWV&T（SHIJ）　　　　　（b2）GPS PWV&P（SHIJ）

（c1）GPS PWV&T（YANQ）　　　　　（c2）GPS PWV&P（YANQ）

（d1）GPS PWV&T（ZHAI）　　　　　（d2）GPS PWV&P（ZHAI）

图 3-17　基于小波变换重构的 GPS 水汽与温度、气压演变趋势比较（二）

由图 3-17 的多个站点 GPS 水汽与温度、气压序列的趋势比较可知，水汽与温度变化趋势较为接近，而气压的变化趋势与水汽的变化趋势相反。水汽和温度的变化趋势为：2009 年到 2010 年之间，以及 2011 年到 2012 年之间，均呈现出上升趋势，与北京市的这四年的降水趋势一致；而气压的变化趋势在此期间下降。

3.6.5　基于部分高频信号重构的 GPS 水汽与温度、气压的相关性分析

在 db14 小波基函数对 GPS 水汽、温度和气压序列进行分解的基础上，选取部分高频系数（d2，d3，d4，d12，d13）进行重构，并对重构后的数据开展不同滤波的 GPS 水汽与温度、气压的相关性分析。BJFS 和 SHIJ 站的 GPS 水汽

与温度、气压的比较见图 3-18 和图 3-19。

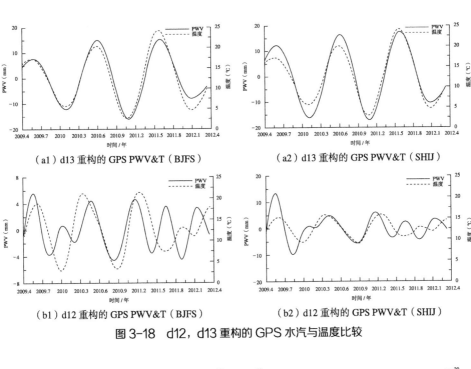

（a1）d13 重构的 GPS PWV&T（BJFS）　　　　（a2）d13 重构的 GPS PWV&T（SHIJ）

（b1）d12 重构的 GPS PWV&T（BJFS）　　　　（b2）d12 重构的 GPS PWV&T（SHIJ）

图 3-18　d12，d13 重构的 GPS 水汽与温度比较

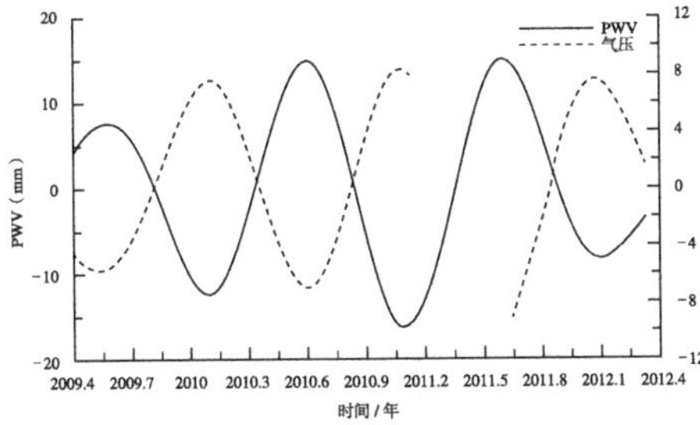

（a1）d13 重构的 GPS PWV&P（BJFS） 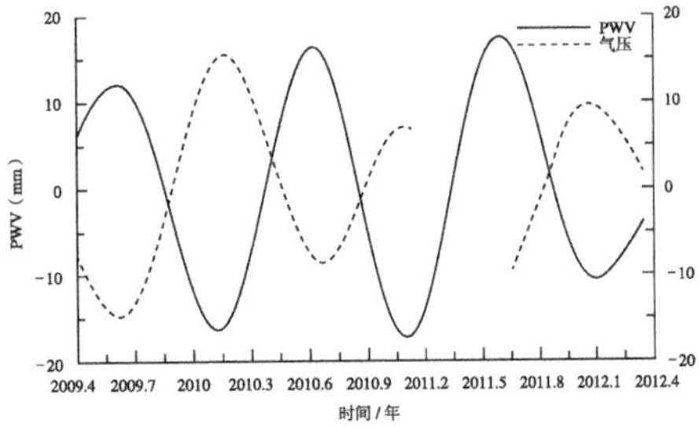　　　　（a2）d13 重构的 GPS PWV&P（SHIJ）

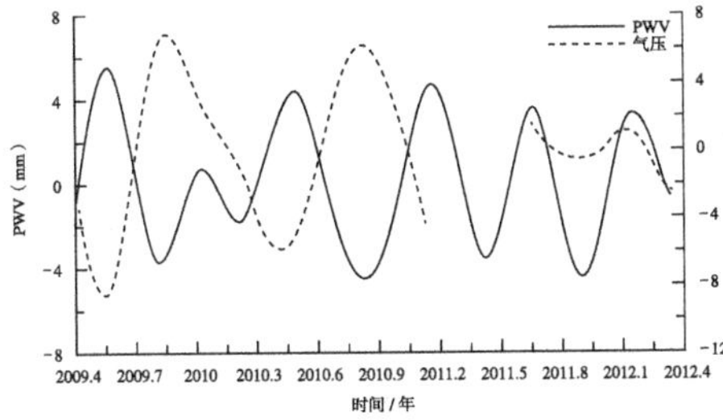

（b1）d12 重构的 GPS PWV&P（BJFS） 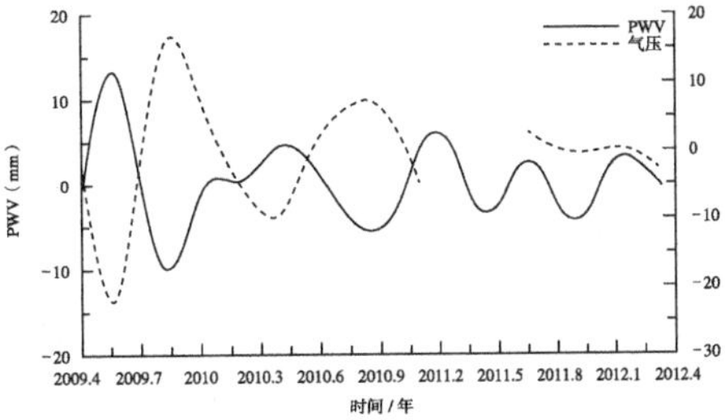　　　　（b2）d12 重构的 GPS PWV&P（SHIJ）

图 3-19　d12，d13 重构的 GPS 水汽与气压比较

由图 3-18 和图 3-19 可知，低频系数 d13 重构的 GPS 水汽、温度和气压序列均呈现明显的年周期变化，GPS 水汽与温度变化一致，GPS 水汽与气压变化相反；d12 重构 GPS 水汽、温度和气压序列，水汽与气压均呈现半年期变化规律，而温度则没有半年期变化规律。

对部分高频系数重构的 GPS 水汽、温度和气压进行相关性分析，见表 3-13 和表 3-14。

基于小波变换的 GPS 水汽与温度的相关性分析

（2009 年 6 月 1 日～ 2012 年 4 月 30 日）　　　　　　　表 3-13

	BJFS	Sig 值	SHIJ	Sig 值	YANQ	Sig 值	ZHAI	Sig 值
d12	0.457	0.000	0.481	0.000	0.453	0.000	0.592	0.000
d13	0.969	0.000	0.926	0.000	0.981	0.000	0.977	0.000
d12+d13	0.920	0.000	0.870	0.000	0.926	0.000	0942	0.000
d2+d3	0.013	0.041	0.065	0.000	−0.097	0.000	−0.037	0.000
d2+d3+d4	−0.010	0.125	0.011	0.068	−0.046	0.000	0.011	0.067

从表 3-13 可看出，由于水汽具有年周期和半年周期变化，而温度仅存在年周期变化，因而水汽与温度的比较中，d13 重构的序列存在很好的正相关性，而 d12 重构的序列相关性则下降。水汽与温度之间为正相关关系，主要原因是因为随着温度变化，地表水汽蒸发也会相应地增多或减少，而地表水汽蒸发是大气可降水量的主要来源。对于 d2 ～ d4 一日内的水汽和温度重构序列的比较，两者相关性较差，甚至没能通过相关性检验，这是因为对于短期特别是一日内的水汽和温度变化来说，两者存在不同的变化。气温一般在 14 时达一天中的最高，日出前后达一天中的最低。而水汽的变化为夜间高白天低。

从表 3-14 可看出，由于水汽和气压均具有年周期和半年周期变化，因而水汽与气压的比较中，d13 和 d12 重构的序列存在很好的负相关性。水汽与气压的负相关关系，主要是因为随着气压的增大，会抑制地表水汽的蒸发，从而降低大气可降水量。对于 d2 ～ d4 一日内的水汽和气压重构序列的比较，两者存在显著负相关特性，这是因为两者存在相反的日变化过程。

基于小波变换的 GPS 水汽与气压的相关性分析
（2009 年 6 月 1 日 ～ 2012 年 4 月 30 日） 表 3-14

	BJFS	Sig 值	SHIJ	Sig 值	YANQ	Sig 值	ZHAI	Sig 值
d12	−0.932	0.000	−0.913	0.000	−0.619	0.000	−0.608	0.000
d13	−0.859	0.000	−0.987	0.000	−0.381	0.000	−0.691	0.000
d12+d13	−0.857	0.000	−0.931	0.000	−0.447	0.000	−0.622	0.000
d2+d3	−0.635	0.000	−0.984	0.000	−0.800	0.000	−0.685	0.000
d2+d3+d4	−0.511	0.000	−0969	0.000	−0.715	0.000	−0.565	0.000
d2	−0.713	0.000	−0.987	0.000	−0.846	0.000	−0.725	0.000

本节通过北京 BJFS、SHIJ、YANQ 和 ZHAI 四个站点的 GPS 水汽和温度、气压序列，根据小波变换理论，开展了 GPS 水汽与温度、气压的相关性分析研究，得到以下结论：

（1）对于水汽、温度和气压的变化趋势，水汽和温度存在一致的变化，而水汽与气压的变化相反；

（2）水汽和气压存在年周期和半年周期变化，两者存在显著负相关特性；温度有年周期变化，水汽和温度在 d13 重构结果的相关性最好，存在显著正相关特性。

第 4 章

GNSS 水汽与 PM2.5 浓度相关性研究

我国是 PM2.5 污染最严重的国家之一，中东部区域为重度污染区。我国区域灰霾污染日益严重，区域大气能见度逐年下降，细颗粒物浓度超标。我国政府非常重视大气污染防治，近年来连续出台了《大气污染防治行动计划》（国十条）、《重点区域大气污染防治"十二五"规划》《环境空气质量标准》GB 3095-2012 等相关文件。

霾，也称灰霾（烟霞），空气中的灰尘、硫酸、硝酸、有机碳氢化合物等粒子使大气混浊，视野模糊并导致能见度恶化，如果水平能见度小于 10000m 时，将这种非水成物组成的气溶胶系统造成的视程障碍称为霾（Haze）或灰霾（Dust-haze）。形成霾天气的颗粒比较小，从 0.001μm 到 10μm，平均直径大约在 1 ~ 2μm。霾看起来呈黄色或橙灰色。霾天气的形成与污染物的排放密切相关，城市中机动车尾气以及其他烟尘排放源排出粒径在微米级的细小颗粒物，停留在大气中，当逆温、静风等不利于扩散的天气出现时，就形成霾。特别是近年，雾霾现象呈现频率增多且程度加重的趋势。霾天气 / PM2.5 浓度（大气污染颗粒物浓度，90% 为 PM2.5）的实时和长期监测具有重要的意义。

水汽是影响气态污染物形成 PM2.5 微颗粒的外在环境因素，水汽的变化是否影响 PM2.5 浓度的变化？两者变化是否存在相关性，相关性如何？本章将通过北京、河北省 GPS 连续观测网络数据联合 PM2.5 浓度观测数据，分析不同季节、不同区域两者的相关性，探讨利用 GPS 水汽进行 PM2.5 浓度监测的可行性。

4.1 北京市 GNSS 水汽与 PM2.5 浓度的相关性比较

目前的大气颗粒污染监测主要依赖于 PM2.5、PM10，我国 PM2.5 浓度值远高于欧美等发达国家，且化学成分复杂，部分仪器在国内使用时，常出现滤膜的颗粒物负荷超载和颗粒物穿透滤膜等不适应性现象，PM2.5 自动监测仪器国产化发展缓慢；卫星遥感监测颗粒污染，由于 MODIS 产品需要利用相对湿度和气溶胶标高等气象条件进行校正，时间分辨率不高，使得该方法仅作为大气颗粒污染监测的一种补充。我国城市大气微颗粒污染严重，国家对于大气微颗粒污染的监测与防治非常重视，因而有必要探寻一种新的大气微颗粒污染监测手段。

水汽（可降水量）是影响天气变化的关键要素，也是影响雾霾天气的关键因子。作者针对雾霾天气过程研究了 GPS 可降水量和天顶对流层延迟的变化，发现 GPS 可降水量在雾霾过程前后有较大的变动。水汽的变化是否影响空气中的微颗粒物（PM2.5/PM10）的浓度变化？本节拟利用 2013 年的北京市天坛站的 PM2.5/PM10 浓度观测资料，结合 GPS 水汽资料、无线电探空水汽资料，进行北京地表 PM2.5/PM10 变化与大气水汽变化的相关性研究，并对相关性结果进行分析，论证利用水汽资料监测大气微颗粒污染的可行性。

4.1.1 实验数据

研究数据主要包含 2 类数据：GNSS 水汽、PM2.5/PM10 浓度观测数据。

（1）GNSS 水汽

利用 GPS 观测资料可以反演出高时间分辨率的天顶对流层延迟序列，结合气象观测资料（气压、温度），可以获得时值 GPS 水汽序列。国际 GNSS 服务（IGS，Internatianal GNSS Service）提供国际 GPS 站点的天顶对流层延迟解算资料和气象观测数据，通过下载 2013 年 BJNM 站点天顶对流层延迟和气象资料，计算获得时值 GPS 水汽序列。由于 IGS 提供的 GPS 天顶对流层延迟数据和气象数据不完整，导致解算的 GPS 水汽序列不连续，有个别天数数据缺失。GPS 水汽的单位为 mm。

（2）PM2.5/PM10 浓度

北京有多个 PM2.5/PM10 浓度观测站点，本研究选择与 BJNM 站点最为接近的天坛站点的 PM2.5/PM10 浓度观测资料，该资料为时值观测数据。2013 年的北京 PM2.5/PM10 浓度观测资料缺失 9 月和 10 月上旬数据，其他时间也有个别天数不连续。PM2.5/PM10 浓度观测数据的单位为 ug/m^3。

BJNM 站点位于北京南郊（大兴），天坛站是距离 BJNM 最近的 PM2.5/PM10 观测站点，两者均为时值观测数据，下文的相关性分析均是时值数据比较；北京的无线电探空观测站点少，且每天观测两个时次，无线电探空水汽主要用于分析分层水汽与 PM2.5/PM10 观测的相关性，两者相关性以对应的每日 8 时和 20 时进行计算。

4.1.2　GPS PWV 变化与 PM2.5/PM10 变化的比较

由于北京处在大陆干冷气团向东南移动的通道上，每年从 10 月到翌年 5 月几乎完全受来自西伯利亚的干冷气团控制，只有 6～9 月前后三个多月受到海洋暖湿气团的影响。降水主要集中在夏季，7、8 月尤为集中。本研究分为三个部分：(1) 夏季 GPS PWV 与 PM2.5/PM10 的比较；(2) 秋冬春季节 GPS PWV 与 PM2.5/PM10 的比较；(3) 秋冬春季节无线电探空水汽（总水汽、分层水汽）与 PM2.5/PM10 的比较。

(1) 夏季 GPS PWV 与 PM2.5/PM10 的比较

6～8 月为北京的夏季，该季节降水较多，降水对大气中的雾、霾能起到清除和冲刷作用。本文研究夏季水汽与 PM2.5/PM10 的相关性，将选择无降水过程时段进行比较。天气网提供北京历史天气查询（http://lishi.tianqi.com/beijing/index.html），2013 年 6～8 月北京发生的降水日数分别为 15 日、16 日和 11 日，选择 6～8 月持续时间 3 日或以上的时间段进行 PM2.5/PM10 变化和 GPS PWV 变化的比较（图 4-1），并统计了这 4 个时间段的 GPS PWV 与 PM2.5/PM10 的相关性（表 4-1）。

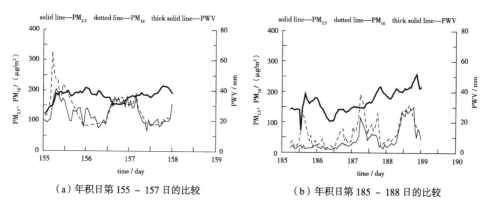

（a）年积日第 155～157 日的比较　　　　（b）年积日第 185～188 日的比较

图 4-1　夏季 GNSS PWV 与 PM2.5 / PM10 浓度变化的比较（一）

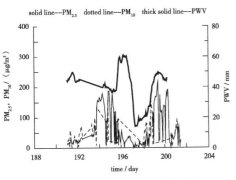

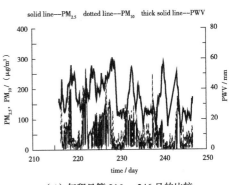

（c）年积日第 191~201 日的比较　　　（d）年积日第 216~246 日的比较

图 4-1　夏季 GNSS PWV 与 PM2.5 / PM10 浓度变化的比较（二）

夏季 GNSS PWV 与 PM2.5/PM10 浓度的相关性　　　　表 4-1

时间	PM2.5&GNSS PWV	PM10&GNSS PWV
155－157	－0.2387	－0.3069
185－188	0.5835	0.4677
191－202	0.2113	－0.0319
216－248	0.0719	0.0034
155－157	－0.2387	－0.3069

由图 4-1 的 4 个时段的 GNSS PWV 与 PM2.5/PM10 浓度变化比较，结合表 4-1 的相关性统计结果，可以得出：GNSS PWV 变化与 PM2.5/PM10 浓度变化在夏季相关性忽高忽低，没有明显的规律性。相对其他季节而言，夏季雾霾天气过程发生的频率低一些，这是因为夏季经常有强对流天气的发生，而强对流天气创造大气污染物扩散的有利条件，一般不易形成大范围的雾霾天气。降水对大气中的雾、霾能起到清除和冲刷作用。降水过程有助于 PM2.5/PM10 浓度的下降。

（2）秋冬春季节 GNSS PWV 与 PM2.5/PM10 的比较

图 4-2（a-1）为秋冬春季节北京 GNSS PWV 与 PM2.5/PM10 的比较，表 4-2 对 9 个时间段的 GNSS PWV 与 PM2.5/PM10 的相关性进行了统计分析。

由图 4-2 和表 4-2 可看出，在秋冬春季节，GNSS PWV 变化与 PM2.5/PM10 变化的相关系数大于 0.5。水汽的上升对应了 PM2.5/PM10 浓度的上升，原因分析如下：

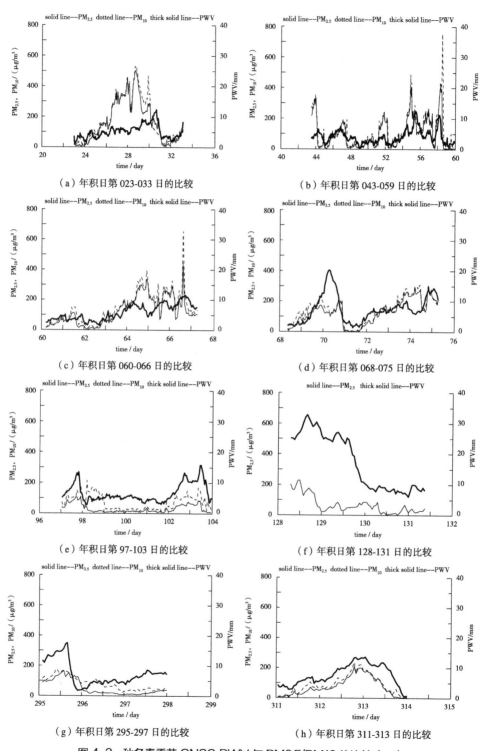

（a）年积日第 023-033 日的比较

（b）年积日第 043-059 日的比较

（c）年积日第 060-066 日的比较

（d）年积日第 068-075 日的比较

（e）年积日第 97-103 日的比较

（f）年积日第 128-131 日的比较

（g）年积日第 295-297 日的比较

（h）年积日第 311-313 日的比较

图 4-2　秋冬春季节 GNSS PWV 与 PM2.5/PM10 的比较（一）

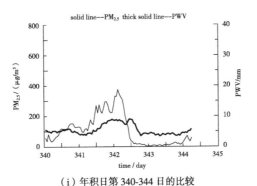

（ i ）年积日第 340-344 日的比较

图 4-2　秋冬春季节 GNSS PWV 与 PM2.5/PM10 的比较（二）

秋冬春季节 GNSS PWV 与 PM2.5/PM10 的相关性　　　　表 4-2

季节	年积日	$PM_{2.5}$ & GNSS PWV	PM_{10} & GNSS PWV
春节	058 − 063	0.739	0.417
	069 − 072	0.663	0.619
	122 − 125	0.501	0.536
秋季	295 − 297	0.512	—
	300 − 305	0.739	0.794
	307 − 310	0.646	0.639
	311 − 313	0.890	0.796
	326 − 331	0.601	0.604
冬季	339 − 343	0.711	0.799
	022 − 026	0.663	0.560
	046 − 048	0.642	0.614
	052 − 054	0.639	0.811

（1）水汽的增加能促进二氧化硫、氮氧化物被氧化成 SOA（SOA 是指直接排放的污染物与大气中物质反应后生成的二次污染的颗粒），从而提高 PM2.5/PM10 浓度；

（2）当水汽上升时，臭氧与有机物发生化学反应生成大量的微颗粒，而该微颗粒属于 PM2.5/PM10。因此，在水汽上升时，臭氧浓度下降，PM2.5/PM10 浓度上升；

（3）北京 PM2.5/PM10 污染源的组成中，煤燃烧所占比重最大，尤其是到了冬季，燃煤供暖，煤燃烧占的比重会更大。燃煤 PM2.5/PM10 微粒大多为难溶于水且吸湿性较差的球形硅铝质矿物颗粒，润湿性较差。因而 PM2.5/PM10 颗粒不因水汽的增加而减少。

4.2 秋冬春季节无线电探空水汽变化与 PM2.5/PM10 变化的比较

4.2.1 无线电探空水汽

由前面的研究可知，在秋冬春季节 GNSS PWV 与 PM2.5/PM10 的变化的相关系数大于 0.5，而 GNSS PWV 为整层水汽含量。各分层水汽与 PM2.5/PM10 的变化是否也有如此规律？本节将开展无线电探空分层水汽变化与 PM2.5/PM10 变化的比较研究。

无线电探空是气象领域探测水汽的一种常用手段，利用该方法可探测各层气压、高度、温度、风速和风向等要素，利用各分界层的气压和温度观测数据可以反演出各层的水汽含量和总水汽含量。无线电探空在每天的 8：00 和 20：00（北京时间）进行观测。通过收集北京市 2013 年无线电探空观测资料，按照李国平提供的无线电探空水汽计算方法（李国平，2007），获得了无线电探空总水汽和分层水汽含量。无线电探空水汽的单位为 mm。

无线电探空仪主要探测各层气压、高度、温度、风速和风向等要素，利用各分界层的气压和温度观测数据可以反演出各层的水汽和总水汽值。各分界层以气压为标准进行划分（高度为平均值），划分如下：

第一层 PWV（1）：地面 ~ 1000hPa（约 0 ~ 250m）

第二层 PWV（2）：1000hPa ~ 925hPa（约 250 ~ 850m）

第三层 PWV（3）：925hPa ~ 850hPa（约 850 ~ 1500m）

第四层 PWV（4）：850hPa ~ 700hPa（约 1500 ~ 3000m）

第五层 PWV（5）：700hPa ~ 500hPa（约 3000 ~ 5500m）

第六层 PWV（6）：500hPa ~ 400hPa（约 5500 ~ 7000m）

第七层 PWV（7）：400hPa ~ 300hPa（约 7000 ~ 9000m）

第八层 PWV（8）：300hPa ~ 250hPa（约 9000 ~ 10200m）

第九层 PWV（9）：250hPa ~ 200hPa（约 10200 ~ 11500m）

第十层 PWV（10）：200hPa ~ 150hPa（约 11500 ~ 13500m）

第十一层 PWV（11）：150hPa ~ 100hPa（约 13500 ~ 16000m）

作者进行了北京市 2013 年的无线电探空整层水汽和分层水汽的计算，获得了全年的无线电探空水汽序列。按照季节绘制无线电探空分层水汽的垂直廓线图（图 4-3），并计算各季节分层水汽占总水汽的比重（表 4-3）。

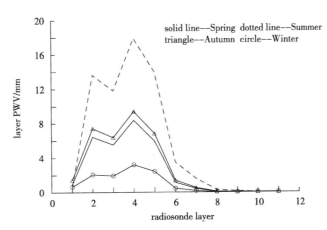

图 4-3　不同季节水汽的垂直廓线

不同季节水汽的垂直廓线　　　　　　　　　　表 4-3

无线电探空分层	春季	夏季	秋季	冬季
1	0.033	0.011	0.043	0.060
2	0.222	0.215	0.221	0.187
3	0.192	0.185	0.191	0.174
4	0.290	0.281	0.281	0.290
5	0.205	0.220	0.203	0.220
6	0.039	0.054	0.041	0.040
7	0.014	0.025	0.015	0.015
8	0.002	0.005	0.002	0.003
9	0.001	0.002	0.001	0.003
10	0.001	0.001	0.001	0.004
11	0.001	0.001	0.001	0.004

4.2.2　无线电探空水汽与 PM2.5/PM10 浓度的相关性

由图 4-3 和表 4-3 可知，无线电探空第 2～5 层的水汽占整层水汽的比重最大，由于篇幅的限制，图 4-4～图 4-6 仅绘制了无线电探空整层水汽、第 3 层水汽和第 4 层水汽与 PM2.5/PM10 浓度的比较结果。表 4-4 对 5 个时间段的无线电探空水汽（整层水汽、分层水汽）与 PM2.5/PM10 浓度的相关性进行了统计分析。

由图 4-4～图 4-6 和表 4-4 看出，在秋冬春季节，无线电探空整层水汽变化与 PM2.5/PM10 浓度变化的相关性大于 0.5。分层水汽与 PM2.5/PM10 比较中，第 3、4 层水汽变化与 PM2.5/PM10 变化最为吻合，此两层水汽的上升或者下降，对应了 PM2.5/PM10 观测值的上升或者下降。

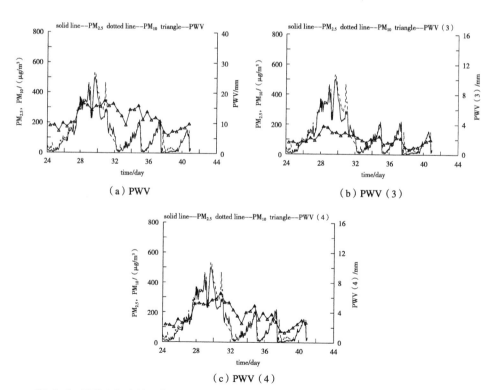

图 4-4　无线电探空整层 / 分层水汽与 PM2.5 / PM10 的比较（年积日 024-040 日）

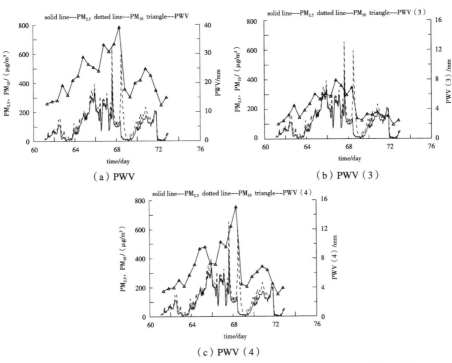

图 4-5　无线电探空整层 / 分层水汽与 PM2.5/PM10 的比较（年积日 061-072 日）

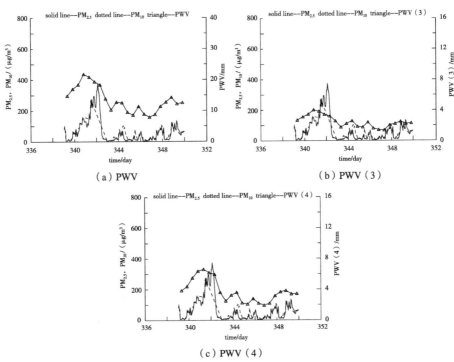

图 4-6　无线电探空整层 / 分层水汽与 PM2.5/PM10 的比较（年积日 339-349 日）

无线电探空整层 / 分层水汽与 PM2.5/PM10 的相关性统计　　　　　表 4-4

探空水汽	024-040		043-059		061-072		319-334		339-349	
	PM2.5	PM10	PM2.5	PM10	PM2.5	PM10	PM2.5	PM10	PM2.5	PM10
PWV	0.703	0.752	0.627	0.613	0.602	0.700	0.551	0.539	0.592	0.720
PWV（1）	-0.199	-0.156	-0.285	-0.238	-0.529	-0.583	0.408	0.125	0.034	0.264
PWV（2）	0.534	0.468	0.414	0.402	0.639	0.693	0.358	0.356	0.356	0.462
PWV（3）	0.868	0.844	0.604	0.600	0.649	0.724	0.486	0.516	0.570	0.608
PWV（4）	0.774	0.830	0.700	0.684	0.534	0.615	0.583	0.585	0.577	0.722
PWV（5）	0.406	0.515	0.565	0.550	0.359	0.466	0.609	0.585	0.671	0.802
PWV（6）	0.031	0.031	0.302	0.260	0.287	0.395	0.585	0.562	0.622	0.673
PWV（7）	-0.218	-0.234	0.007	-0.035	0.266	0.359	0.685	0.652	0.397	0.488
PWV（8）	-0.340	-0.302	-0.403	-0.430	0.153	0.165	-0.079	-0.144	-0.226	-0.144
PWV（9）	0.176	0.258	-0.332	-0.318	-0.272	-0.399	-0.427	-0.356	-0.468	-0.451
PWV（10）	0.242	0.291	-0.333	-0.323	-0.335	-0.466	-0.600	-0.447	-0.453	-0.351
PWV（11）	-0.055	-0.080	-0.227	-0.206	-0.435	-0.525	-0.667	-0.526	-0.368	-0.277

　　研究结果表明，在秋冬春季节水汽变化与 PM2.5/PM10 变化的相关性超过0.5，因而可以将水汽资料用于雾霾高发季节的大气微颗粒污染浓度变化的监测。水汽资料的应用可以提供一种新的大气微颗粒污染监测手段。

4.3　北京 APEC 会议期间 GNSS 水汽与 PM2.5/PM10 的相关性比较

　　水汽是形成雾霾天气过程的重要外因，PM2.5（particulate matter 2.5）、PM10（particulate matter 10）是形成雾霾天气过程的重要微颗粒物，针对多次雾霾天气过程，作者利用 GPS 水汽（PWV，precipitable water vapor）序列验证了水汽与 PM2.5/PM10 浓度存在明显正相关特性，为利用 GPS 水汽进行雾霾监测提供可行性基础，该结果可为雾霾灾害治理防治提供参考。当大气空气质量优良、大气污染较小时，水汽的变化与 PM2.5/PM10 浓度变化是否依然存在较好的正相关性。

2014 年亚太经合组织（APEC）领导人会议于 2014 年 11 月 5 日至 11 日在北京举行。11 月 1 日至 12 日，北京 AQI（空气质量指数）均为优良级别，仅11 月 4 日为轻度污染。为保障会议期间的空气质量，从 11 月 1 日到 12 日，北京、天津、河北、山东等省市，实行紧急污染控制措施，4154 家工地被停产或者限产；机动车单双号上路，近千万车辆限行。连续几日的 3 至 4 级风也加速了空气中污染物的扩散。来自北京市环境监测中心的数据显示，从 11 月 1 日至 12 日，北京市空气中 PM2.5、PM10、SO2、NO2 浓度分别为每立方米 43 微克、62 微克、8 微克和 46 微克，比去年同期分别下降了 55%、44%、57% 和 31%；各项污染物浓度均达到近 5 年同期最低水平。本节将选择北京 APEC 会议期间的 GPS 水汽资料与 PM2.5/PM10 浓度观测数据开展两者的相关性研究。

4.3.1　实验数据

研究数据主要包含 2 类数据：GNSS 水汽、PM2.5/PM10 浓度观测数据。

（1）GNSS 水汽

通过从 IGS 网站下载 BJFS（北京房山）、BJNM（北京大兴）站点天顶对流层延迟和气象资料，计算获得两站点的时值 GNSS 水汽序列。BJFS 站点天顶对流层延迟和气象资料在 APEC 期间数据不完整，BJNM 站点天顶对流层延迟和气象资料较为完整。GNSS 水汽的单位为 mm。

（2）PM2.5/PM10 浓度

北京有十余个 PM2.5/PM10 观测站点，对于 BJFS、BJNM 两个 GNSS 站点，本研究分别选择与两站点最为接近的古城、天坛站点的 PM2.5/PM10 浓度观测资料，该资料为时值观测数据。PM2.5/PM10 观测数据的单位为 $\mu m/m^3$。

4.3.2　APEC 会议期间的 GNSS 水汽与 PM2.5/PM10 的相关性比较

（1）BJFS 站 GPS 水汽与古城站 PM2.5/PM10 的比较

根据现有的 BJFS 站 GPS 水汽资料，结合古城站 PM2.5/PM10 观测数据，选择2014 年 11 月 4 日～5 日和 11 月 10 日两个时段进行 GNSS 水汽与 PM2.5/PM10 的比较研究，见图 4-7 和图 4-8（图中横轴单位是年积日 day，即 day of year）。

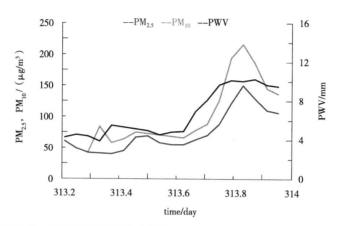

图 4-7　BJFS 站 PWV 与古城站 PM2.5/PM10 比较（11 月 10 日）

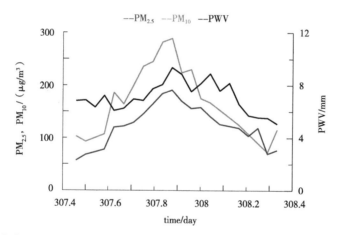

图 4-8　BJFS 站 PWV 与古城站 PM2.5/PM10 比较（11 月 4 日~5 日）

由图 4-7 和图 4-8 可看出，11 月 4 日~5 日发生了一次轻度污染过程，PM2.5/PM10 浓度较高，期间古城站 PM2.5/PM10 浓度值的上升下降，BJFS 站 GNSS 水汽也有一个明显的上升下降过程；同理，11 月 10 日 GNSS 水汽与 PM2.5/PM10 浓度有较为近似的上升过程。计算两个时段 GNSS 水汽与 PM2.5/PM10 浓度的相关性，见表 4-5。

时间	PM$_{2.5}$ & PWV	PM$_{10}$ & PWV
11 月 4 日 ~ 5 日	0.708	0.636
11 月 10 日	0.898	0.863

BJFS 站 PWV 与古城站 PM2.5/PM10 的相关性统计结果　　表 4-5

根据表 4-5 的 GNSS 水汽与 PM2.5/PM10 浓度的相关性统计结果，可推断 GNSS 水汽与 PM2.5/PM10 浓度呈较为明显的正相关特性，相关系数大于 0.6。

（2）BJNM 站 GNSS 水汽与天坛站 PM2.5/PM10 的比较

BJNM 站 GNSS 水汽资料较为连续，结合天坛站 PM2.5/PM10 观测数据，选择 2014 年 11 月 4 日 ~ 5 日、11 月 6 日 ~ 8 日、11 月 10 日 ~ 11 日和 11 月 14 日 ~ 16 日四个时段进行 GNSS 水汽与 PM2.5/PM10 浓度的比较研究，见图 4-9 （a ~ d）。

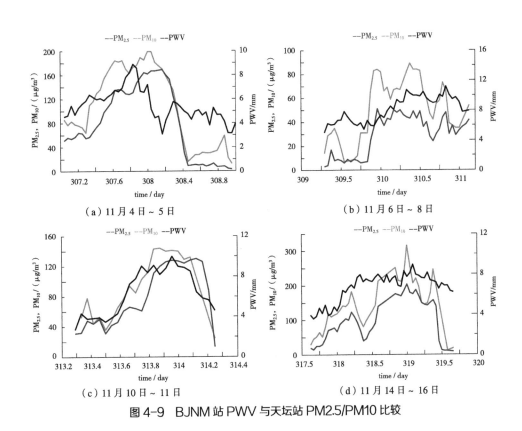

图 4-9　BJNM 站 PWV 与天坛站 PM2.5/PM10 比较

由图 4-9 可看出，天坛站 PM2.5/PM10 浓度值的上升下降，对应了 BJNM 站 GPS 水汽的上升下降，两者具有较为一致的变化趋势。在图 4-9（a）年积日 308（11 月 5 日）PM2.5/PM10 浓度值有一个急速下降过程，而 GNSS 水汽变化则表现为上升下降。通过历史天气查询（http://lishi.tianqi.com/），北京在 11 月 5 日天气为北风 3～4 级，较大风速的变化导致大气污染颗粒发生水平移动，因而 PM2.5/PM10 浓度值下降。计算四个时段 GNSS 水汽与 PM2.5/PM10 浓度的相关系数，见表 4-6。

BJNM 站 PWV 与天坛站 PM2.5/PM10 的相关性统计结果　　　　　　表 4-6

时间	PM2.5 & PWV	PM10 & PWV
11 月 4 日～5 日	0.519	0.654
11 月 6 日～8 日	0.672	0.529
11 月 10 日～11 日	0.776	0.916
11 月 14 日～16 日	0.608	0.621

根据表 4-6 的 GNSS 水汽与 PM2.5/PM10 浓度的相关性统计结果，证明 GNSS 水汽与 PM2.5/PM10 浓度呈现较为明显的正相关特性，相关系数大于 0.5，最大相关系数超过 0.91。

在风速较小难以产生空气污染物水平移动的情况下，水汽的上升、下降变化过程对应了 PM2.5/PM10 浓度的上升和下降过程，这是因为：水汽增加促进 SO_2、NO、NO_2 和 O_3 转化为二次污染颗粒，二次污染颗粒属于 PM2.5/PM10，因而 PM2.5/PM10 浓度增加。

APEC 期间北京周边地区工地停工，机动车限行，连续数天的 3～4 级风使得北京空气质量优良。APEC 期间的北京空气污染较小，本书开展 GNSS 水汽与 PM2.5/PM10 浓度的比较研究，研究发现，GNSS 水汽与 PM2.5/PM10 浓度变化存在正相关特性，相关系数大于 0.5。本节研究结合本章前 3 节的研究结果可表明：不论空气质量优良或重度污染，水汽变化与 PM2.5/PM10 变化均存在明显的正相关性，这证实了利用 GPS 水汽进行 PM2.5 浓度监测的可行性。

4.4 河北省 GNSS 水汽与 PM2.5 浓度相关性比较

水汽（可降水量）是形成雾霾天气过程的重要外因，PM2.5 是形成雾霾天气过程的重要微颗粒物，针对多次雾霾天气过程，作者通过北京 GNSS 水汽序列与 PM2.5 浓度的比较，研究发现水汽与 PM2.5 浓度存在正相关特性。水汽与 PM2.5 浓度的正相关特性对于霾灾害治理研究具有重要的价值，水汽与 PM2.5 浓度的正相关特性是否具有广泛普遍性？本节将选择河北省连续观测网的多个 GNSS 站点开展 GNSS 水汽（可降水量）序列与 PM2.5 浓度的比较，分析两者之间的相关性。

4.4.1 实验数据与方法

（1）实验数据

研究数据主要包含 2 类数据：PM2.5 浓度数据、GNSS 水汽。

PM2.5 浓度观测为小时观测，单位为 $\mu m/m^3$。

GNSS 水汽由河北省 GNSS 连续观测网观测数据反演获得，GNSS 水汽解算方案如下：解算软件为 GAMIT10.6，星历为 IGS 精密星历，解算方式为 RELAX，卫星高度角 10 度，引入同期国内 IGS 站点 WUHN、LHAZ、URUM、SHAO 等数据联合解算，站点天顶对流层延迟的解算为每小时估算一个值，结合站点气象观测数据可以获得 GNSS 站点时值水汽，GNSS 水汽单位为 mm。

为了便于 GNSS 水汽与 PM2.5 浓度的比较，选择均含有两类数据的站点。本文将利用 GNSS 水汽数据与 PM2.5 浓度观测数据进行比较，两类数据均为时值观测数据，相关性分析是通过时值数据比较和计算获得。

（2）相关性分析

相关性分析是指对两个或多个具备相关性的变量元素进行分析，从而衡量两个变量因素的相关密切程度。相关性分析计算公式见式（4-1）。

$$r = \frac{\sum_{i=1}^{n}(x_i - \overline{x})(y_i - \overline{y})}{\sqrt{\sum_{i=1}^{n}(x_i - \overline{x})^2 \cdot \sum_{i=1}^{n}(y_i - \overline{y})^2}} \tag{4-1}$$

式（4-1）中，x_i、y_i 为两变量序列值，$\bar{x}$、$\bar{y}$ 为两变量序列的平均值。r 值的范围在 -1 和 +1 之间。$r>0$ 为正相关，$r<0$ 为负相关，$r=0$ 表示不相关。r 的绝对值越大，相关程度越高。本书的相关性分析采用 GNSS 水汽序列和 PM2.5 浓度序列作为两变量。

4.4.2　GPS 水汽与 PM2.5 浓度比较

通过查询历史气象资料，2014 年 1 月至 2 月华北地区发生重度霾天气过程。

（1）1 月 6 日，河北气象台发布霾黄色预警，张家口、保定、石家庄、衡水、邢台和邯郸为重度到严重污染；1 月 7 日，河北气象台连续发布霾黄色预警。

（2）2 月 20 至 26 日华北地区发生持续 7 天的重度霾天气，2 月 21 日气象局发布霾橙色预警，该次天气过程是 2013 年 1 月 1 日按照国家空气质量新标准开展空气质量监测以来持续时间最长的一次。

基于此，本研究将选择此 2 次重度霾天气发生过程进行 GPS 水汽与 PM2.5 浓度的比较，时间选择如下：1 月 5 日至 8 日（年积日 005 ~ 008）；2 月 19 至 28 日（年积日 050 ~ 059）。

（1）2014 年 1 月 5 日至 8 日 GPS 水汽与 PM2.5 浓度比较

图 4-10（a ~ f）为 2014 年 1 月 5 日至 8 日（年积日 005 ~ 008）GPS 水汽与 PM2.5 浓度的比较。

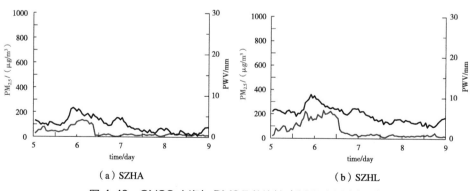

（a）SZHA　　　　　　　　　　（b）SZHL

图 4-10　GNSS 水汽与 PM2.5 的比较（005-008）（一）

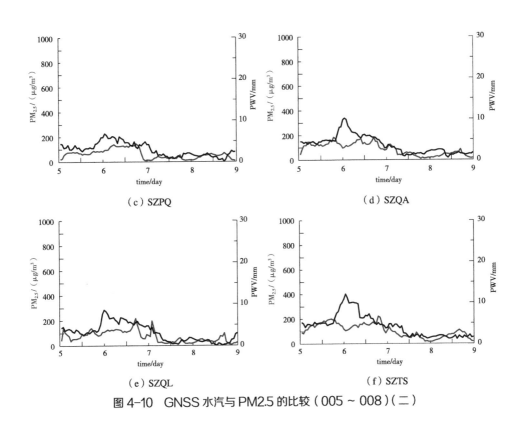

图 4-10　GNSS 水汽与 PM2.5 的比较（005 ~ 008）（二）

由图 4-10（a ~ f）可看出 GNSS 水汽与 PM2.5 序列具有很好的对应关系，计算各站点的相关性，相关系数及显著性 sig 值见表 4-7。

GNSS 水汽与 PM2.5 的相关性比较（005 ~ 008）　　　　　表 4-7

站点	相关系数	显著性 sig 值
SZHA	0.686	<0.01
SZHL	0.755	<0.01
SZPQ	0.629	<0.01
SZQA	0.727	<0.01
SZQL	0.723	<0.01
SZTS	0.620	<0.01

（2）2014 年 2 月 19 日至 28 日 GNSS 水汽与 PM2.5 浓度比较

图 4-11（a ~ f）为 2014 年 2 月 19 日至 28 日（年积日 050 ~ 059）重度

霾天气的 GNSS 水汽与 PM2.5 浓度的比较。

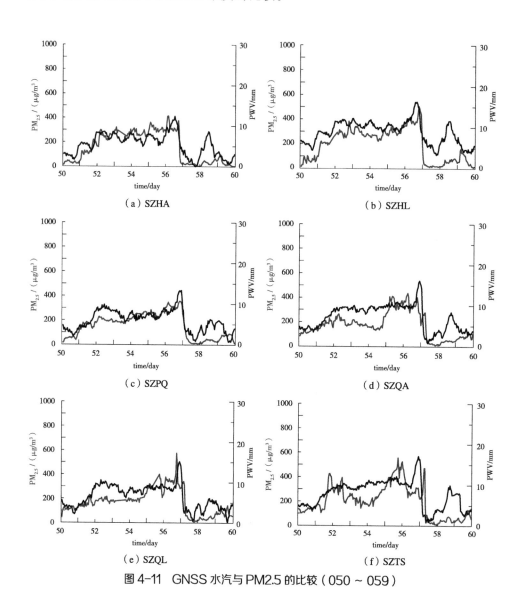

图 4-11　GNSS 水汽与 PM2.5 的比较（050 ~ 059）

由图 4-11（a ~ f）可看出 GNSS 水汽与 PM2.5 序列具有很好的对应关系，水汽的上升、下降过程对应了 PM2.5 浓度值的上升、下降过程。计算各站点的相关性，表 4-8 为相关系数及显著性 sig 值。

GNSS 水汽与 PM2.5 的相关性比较（050～059）　　　表 4-8

站点	相关系数	显著性 sig 值
SZHA	0.748	<0.01
SZHL	0.822	<0.01
SZPQ	0.815	<0.01
SZQA	0.731	<0.01
SZQL	0.718	<0.01
SZTS	0.638	<0.01

由图 4-10、图 4-11 结合表 4-7、表 4-8 可看出，GNSS 水汽与 PM2.5 的显著性 sig 值小于 0.01，说明两者存在显著性差异，相关系数大于 0.6。GNSS 水汽与 PM2.5 浓度变化具有较好的对应关系，当水汽含量上升时，对应了 PM2.5 浓度的上升；水汽含量下降，对应了 PM2.5 浓度的下降。

GNSS 水汽与 PM2.5 浓度存在显著正相关的原因分析如下：

（1）水汽的增加能促进二氧化硫、氮氧化物被氧化成二次污染物颗粒，从而提高 PM2.5 浓度；

（2）当水汽上升时，臭氧与有机物发生化学反应生成大量的微颗粒，而该微颗粒属于 PM2.5；

（3）河北是我国重要的钢铁制造地，在该地区 PM2.5 污染源的组成中，煤燃烧所占比重最大，尤其是到了冬季，燃煤供暖，煤燃烧占的比重会更大。燃煤 PM2.5 微粒大多为难溶于水且吸湿性较差的球形硅铝质矿物颗粒，润湿性较差。因而 PM2.5 颗粒不因水汽的增加而减少。

本节以河北省多个 GNSS 站点的水汽与 PM2.5 浓度观测数据开展了两者的比较，研究发现：GNSS 水汽与 PM2.5 浓度呈显著正相关，相关系数大于 0.6。水汽的上升、下降过程对应了 PM2.5 浓度值的上升、下降过程。通过本节河北省多个站点 GNSS 水汽与 PM2.5 浓度的比较，结合作者前期进行的 2013 年北京 GNSS 水汽与 PM2.5 浓度比较结果，可以获得 GNSS 水汽与 PM2.5 浓度呈显著正相关的结论。

4.5　基于小波变换的 GNSS 水汽与 PM2.5 浓度比较

由于水汽、PM2.5 浓度序列的波动比较大，且存在着噪声的干扰，无法深入分析水汽、PM2.5 浓度演变过程中的多尺度特性，限制了深入分析 PM2.5 浓度与水汽的关系。小波分析具有多分辨率特性，通过对水汽、PM2.5 浓度序列的多尺度细分可分析水汽演变的周期性和规律性，分析水汽与 PM2.5 观测序列之间的关系，从而为霾天气预报提供参考。本书将利用河北省 GNSS 和 PM2.5 浓度观测数据，利用小波变化方法开展 GNSS 水汽与 PM2.5 浓度观测的相关性分析研究。首先简单分析 PWV 与 PM2.5 之间的关系，然后用小波变换理论分析低频系数重构的 PWV 序列与 PM2.5 序列之间的关系，最后分析高频系数重构的 PWV 序列与 PM2.5 序列之间的关系。

4.5.1　小波分析理论与研究数据

（1）小波分析理论与小波基选择

小波分析是时间（空间）频率的局部化分析，在时频域都具有表征信号局部特征的能力。小波分析就是把某一被称为基本小波（mother wavelet）的函数作位移 τ 后，再在不同尺度 a 下，与分析信号 $f(t)$ 作内积，即

$$Wf(a,\tau) = \left\langle f(t), \Psi_{a,\tau}(t) \right\rangle = \frac{1}{\sqrt{a}} \int_R \Psi^* \left(\frac{t-\tau}{a} \right) \mathrm{d}t \qquad (4\text{-}2)$$

式（4-2）中，a 称为尺度因子，其作用是对基本小波 $\Psi_{a,\tau}(t)$ 函数作伸缩，τ 反映位移。在不同尺度下小波的持续时间随值的加大而增宽，幅值 $\sqrt{a}$ 则与反比减少，但波的形状保持不变。

经典小波函数主要有 Haar 小波、Daubechies 小波、Symlets 小波、Meyer 小波、Morlet 小波和 Mexican Hat 小波等，这些小波在对称性、紧支性、消失矩、正则性等方面均具有不同的特点[95]。小波基的选择一般根据信号特征和实际应用效果而定。考虑到要对水汽和 PM2.5 序列进行多尺度分析、信号重构以及突变

分析,本文选择紧支撑标准正交小波DbN小波系。DbN系列小波随着阶次增加,消失矩阶数增加,频带划分的效果更好,但会使时域紧支撑性减弱,同时计算量大大增加,实时性变差。

通过小波变换对水汽序列进行分解,可以得到不同时间尺度上的小波系数,这些小波系数可用来描述水汽的多尺度结构和变化特征。PM2.5浓度、水汽序列经小波分解后可以得到低频系数和高频系数,其中低频系数主要由确定性成分构成,反映了PM2.5浓度与水汽演变的主要特征,如演变趋势和周期等,高频部分是由各种干扰噪声、异常突变和随机波动构成,反映PM2.5浓度、水汽的突变和扰动等。为了减少各种高频噪声对PM2.5浓度、水汽信号的干扰,更好地反映出PM2.5浓度、水汽的演变趋势和变化规律,需要对PM2.5浓度、水汽序列进行小波分解后选择合适的级数进行重构。

实验过程如下:通过对2014年1~3月PM2.5浓度与GNSS水汽序列进行小波分析,对比各小波基分解后各层的PM2.5浓度与GNSS水汽序列,寻找对应关系最好的那一组。经过试验比较,综合考虑算法的分析效果和计算效率,最终选定Db6小波来进行PM2.5质量浓度与GNSS水汽信号分析。

（2）研究数据

研究数据主要包含2类数据:PM2.5浓度数据、GNSS水汽。

PM2.5数据为河北省空气质量监测站点2014年1月~3月PM2.5浓度观测数据,PM2.5浓度观测为小时观测,单位为$\mu m/m^3$。

GNSS水汽由2014年1月~3月河北省GNSS连续观测网观测数据反演获得,GNSS水汽解算方案如下:解算软件为GAMIT10.6,星历为IGS精密星历,解算方式为Relax,卫星高度角10度,引入同期国内IGS站点WUHN、LHAZ、URUM、SHAO等数据联合解算,站点天顶对流层延迟的解算为每小时估算一个值,结合站点气象观测数据可以获得GNSS站点时值水汽,GNSS水汽单位为mm。

为了便于GNSS水汽与$PM_{2.5}$浓度的比较,选择均含有两类数据的站点,实验站点9个（SZZU、SZHL、SZTS、SZQA、SZPQ、SESE、SZXO、SZFA、

SZFN）。本文将利用 GNSS 水汽数据与 PM2.5 浓度观测数据进行比较，两类数据均为时值观测数据，相关性分析是通过时值数据比较和计算获得。

4.5.2　GNSS 水汽与 PM2.5 浓度观测数据的比较

利用 GNSS 观测数据解算获得的 GNSS 水汽序列和 PM2.5 浓度观测序列，比较两者之间的相关性（表 4-9，图 4-12）。

	GNSS 水汽与 PM2.5 浓度序列的相关性		表 4-9
站点	GNSS 水汽与 PM2.5 浓度的相关系数	样本数	Sig 值
szzu	0.363	2160	0
szhl	0.461	2160	0
szts	0.370	2160	0
szqa	0.344	2160	0
szpq	0.427	2160	0
szse	0.416	2160	0
szxo	0.449	2160	0
szha	0.522	2160	0
szfn	0.352	2160	0

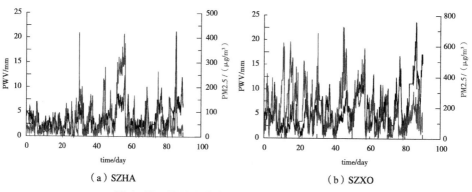

图 4-12　GNSS 水汽与 PM2.5 浓度序列的比较

综合表 4-9 和图 4-12，可以发现：PM2.5 浓度序列与 GNSS PWV 序列存在较好的对应关系，水汽的上升和下降过程对应了 PM2.5 观测序列的上升和下降，且显著性检验 sig 值小于 0.01，说明 PM2.5 浓度序列与 GNSS PWV 序列存在正相关特性。

由 PM2.5 观测与 GNSS 水汽的时间序列对比获得的结论比较直观，物理意义明确，但由于原始数据的波动比较大，且存在着噪声的干扰，只能依据经验大致判断水汽的演变趋势，该判断易受到水汽短时变化和噪声干扰的影响，无法深入分析水汽演变过程中的多尺度特性，限制了深入分析 PM2.5 观测与 GNSS PWV 的关系。

4.5.3　小波变换分析 GNSS 水汽与 PM2.5 浓度观测数据

利用 db6 小波基函数将 GNSS 水汽、PM2.5 浓度观测数据分解成 7 层，其中包括低频信号 A7 和高频信号 D7、D6、D5、D4、D3、D2 和 D1，dataE 信号由所有高频信号重构而成，dataF 信号为高频信号 D7 与 D6 重构，各重构信号对应的周期见表 4-10。

不同频段对应周期　　　　　　　　　　　　　　　表 4-10

频段	A7	D7	D6	D5	D4	D3	D2	D1	dataE	dataF
周期/h	256 ~ ∞	128 ~ 256	64 ~ 128	32 ~ 64	16 ~ 32	8 ~ 16	4 ~ 8	2 ~ 4	2 ~ 256	64 ~ 256

利用 db6 小波基分解并重构河北省 9 个站点的水汽与 PM2.5 浓度序列，获得各高频、低频和组合重构信号，计算各站点水汽与 PM2.5 浓度序列的相关性，见表 4-11。图 4-13 和图 4-14 为 SZZU、SZXO 站点水汽与 PM2.5 浓度序列的低频和高频重构信号的比较。

不同频段水汽变化对 PM2.5 浓度观测的影响　　　　　　　表 4-11

相关性 站点	A7	D7	D6	D5	D4	D3	D2	D1	dataE	dataF
szzu	0.387	0.687	0.265	0.120	−0.225	0.091	−0.0240	−0.016	0.378	0.600
szhl	0.542	0.588	0.569	0.497	0.045	−0.035	−0.206	−0.011	0.425	0.578
szts	0.475	0.656	0.335	−0.040	−0.098	0.010	0.104	0.031	0.305	0.533

续表

相关性 站点	A7	D7	D6	D5	D4	D3	D2	D1	dataE	dataF
szqa	0.458	0.659	0.226	0.027	−0.196	−0.088	0.024	−0.064	0.270	0.498
szpq	0.398	0.782	0.552	0.481	−0.218	−0.060	−0.112	0.004	0.480	0.681
szse	0.544	0.646	0.500	0.189	−0.128	−0.182	−0.022	0.0214	0.388	0.605
szxo	0.568	0.747	0.608	0.214	−0.297	−0.220	−0.185	−0.012	0.401	0.708
szha	0.591	0.722	0.609	0.443	0.318	−0.224	0.012	0.025	0.495	0.680
szfn	0.439	0.688	0.476	0.408	−0.075	−0.181	−0.118	−0.001	0.342	0.620

注：9 个站点各不同频段水汽变化对 PM2.5 浓度观测的影响研究使用样本数 2160。

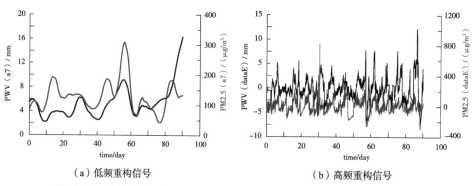

（a）低频重构信号　　　　　　　　（b）高频重构信号

图 4-13　小波变换分析 SZZU 站点的 GPS 水汽与 PM2.5 浓度观测数据

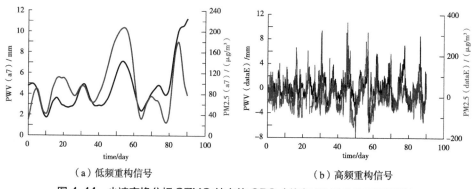

（a）低频重构信号　　　　　　　　（b）高频重构信号

图 4-14　小波变换分析 SZXO 站点的 GPS 水汽与 PM2.5 浓度观测数据

　　从表 4-14、图 4-14 可看出，低频系数重构的 GPS 水汽与 PM2.5 浓度序列存在相近的变化趋势，较好地反映了 GPS 水汽与 PM2.5 浓度变化之间的正相关特性。D7高频信号（128～256h）及D7与D6信号（64～256）重构的GPS水汽与PM2.5浓度的相关性较原始序列的相关性有较大的提高。经小波重构后的GPS水汽与PM2.5浓度序列能够反映GPS水汽与PM2.5浓度演变的总体趋势，不会被GPS水汽与PM2.5浓度短期波动所干扰。

4.5.4 局部水汽变化对PM2.5浓度观测的影响

根据历史观测资料,华北地区2014年2月20日至26日(年积日为50～56日)发生了持续7日的重度雾霾天气过程。针对该次重度雾霾天气过程,通过选择周期为2～256h（所有高频系数重构dataE）和64～256h（D7与D6重构,dataF）的小波分析结果分析局部水汽变化对PM2.5浓度观测的影响。图4-15（a～d）为SZHA、SZXO站点的局部水汽变化对PM2.5浓度观测的影响。

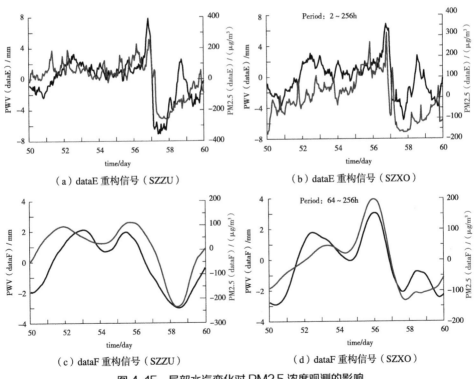

（a）dataE重构信号（SZZU）　　　　　（b）dataE重构信号（SZXO）

（c）dataF重构信号（SZZU）　　　　　（d）dataF重构信号（SZXO）

图4-15　局部水汽变化对PM2.5浓度观测的影响

（注：图4-15（a）中第53日PM2.5浓度观测数据缺失）

由图 4-15 可看出，对于持续 7 日的重度雾霾过程，由 dataE、dataF 重构的 GPS 水汽序列与 PM2.5 浓度序列均显示了上升和下降过程。计算重构的 GPS 水汽序列与 PM2.5 浓度序列相关性，SZZU、SZXO 站点的 dataE、dataF 重构的 GPS 水汽与 PM2.5 浓度序列的相关性分别为 0.708，0.609，0.863 和 0.892，显著性检验 sig 值均为 0，两者的比较结果通过显著性检验。由于剔除了高频噪声、细微扰动和小尺度系统影响，第 7 层和第 6 层高频系数重构的水汽序列更好地反映了 PM2.5 浓度序列的变化，PWV 序列的上升下降对应了 PM2.5 序列的上升下降。

4.5.5　不同时刻水汽变化对 PM2.5 浓度观测的影响

选择水汽、PM2.5 浓度波动较小和较大的两个时段研究不同时刻水汽对 PM2.5 浓度观测的影响。分析周期为 32 ～ 64h（高频系数 D5）重构的水汽对 PM2.5 浓度观测的影响（图 4-16），相关性统计结果见表 4-12。

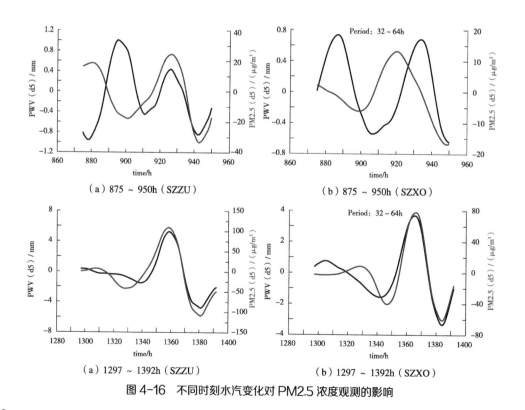

（a）875 ～ 950h（SZZU）　　　　（b）875 ～ 950h（SZXO）

（a）1297 ～ 1392h（SZZU）　　　　（b）1297 ～ 1392h（SZXO）

图 4-16　不同时刻水汽变化对 PM2.5 浓度观测的影响

不同时刻水汽变化与 PM2.5 浓度变化的相关性统计　　表 4-12

站点	时间 / h	相关系数	样本数	显著性检验 sig 值
SZZU	875 ~ 950	0.013	76	0.911
	1297 ~ 1392	0.970	96	0.000
SZXO	875 ~ 950	0.125	76	0.050
	1297 ~ 1392	0.930	96	0.000

由图 4-16 和表 4-12 可知，在水汽变化较大时段，水汽变化与 PM2.5 浓度变化存在显著正相关特性，水汽的上升下降对应了 PM2.5 浓度的上升下降过程。原因分析如下：在本地 PM2.5 排放一定的前提下，PM2.5 的质量浓度主要取决于气象条件 [96, 97]。由于空气中水汽较多，PM2.5 附着在水汽中，在不发生沉降的情况下，悬浮在空气中不易扩散，从而造成 PM2.5 高浓度污染，使 PM2.5 质量浓度随相对湿度增加而升高。对于水汽变化较小时段，水汽与 PM2.5 浓度序列的相关性未通过显著性检验，这是因为水汽值为昼低夜高，而 PM2.5 浓度观测值的变化为傍晚到前半夜浓度迅速增大，半夜过后又大幅度下降，一般在 02：00 前后达到低点后再次小幅度上升，06：00 ~ 08：00 出现次峰值，随后下降 [96]。

以 2014 年 1 月 ~ 3 月的河北省 GNSS 和 PM2.5 观测数据为例，本书开展了基于小波变换的 GNSS 水汽与 PM2.5 浓度观测的相关性研究，获得以下结论：

（1）低频重构的 GNSS 水汽与 PM2.5 浓度序列存在相近的变化趋势，较好地反映了 GNSS 水汽与 PM2.5 浓度变化之间的正相关特性。

（2）对于持续 7 日的重度雾霾过程，由于剔除了高频噪声、细微扰动和小尺度系统影响，由第 7 层和第 6 层高频系数重构的 SZHA、SZXO 站点 GNSS 水汽序列与 PM2.5 浓度序列的相关性分别为 0.890 和 0.892。

（3）不同时刻水汽变化对 PM2.5 浓度观测的影响，在水汽变化波动较大时段，水汽变化与 PM2.5 浓度变化存在显著正相关特性，水汽的上升下降对应了 PM2.5 浓度的上升下降过程。对于水汽变化波动较小时段，由于水汽与 PM2.5 浓度观测峰值时刻的差异，水汽与 PM2.5 浓度序列的相关性则不明显。

第 5 章

融合 GNSS 水汽、气象要素与大气污染物的 PM2.5 浓度模型研究

　　近年来以 PM2.5 为主要污染物的中国区域灰霾污染形势严峻 [98, 99]。重污染天气过程严重影响了公众健康和人民日常生活。一系列大气污染防治法律法规的出台，我国政府非常重视大气污染的监测预警和变化趋势分析工作。研究区域 PM2.5 浓度的变化规律不仅有助于认知大气污染的发展和现状，评估其对公众健康和环境的影响，还可为开展针对性的控制措施提供科学参考。王振波、李会霞等人分析了中国城市 PM2.5 浓度的时空变化规律及气象成因分析 [100, 101]。王勇等人开展了 PM2.5 浓度与水汽、风速的相关性研究，研究发现 PM2.5 浓度变化与气象要素变化相关 [102, 103]。Paunu、黄仁东、刘严萍等学者基于大气污染物构建了 PM2.5 浓度模型 [104-106]，国内学者以气溶胶产品开展了 PM2.5 估算模型研究 [107-109]。由于我国城市 PM2.5 浓度监测起步较晚，积累数据较短。因此有必要基于已有的观测要素开展 PM2.5 浓度模型研究。而 PM2.5 浓度受到排放强度和气象因素的影响，具有显著的时空变异性 [100]。

　　鉴于 PM2.5 浓度受大气污染物排放和气象因素的影响，本书提出一种融合 GNSS 水汽、风速和大气污染观测的 PM2.5 浓度模型。在开展 PM2.5 浓度与水汽、风速、大气污染观测相关性分析的基础上，利用 BP 神经网络分别构建城市 PM2.5 浓度模型和区域 PM2.5 浓度模型，并与实测 PM2.5 浓度比较验证模型可靠性。本书提出的 PM2.5 浓度模型可用于区域 PM2.5 浓度时间序列反演，对掌握大气污染的时空分布规律和减灾预报具有重要意义。

5.1　研究数据与研究方法

5.1.1　研究数据

（1）PM2.5 浓度数据

PM2.5 浓度数据为 2014 年 1 月至 3 月的时值数据，单位为 $\mu g/m^3$。

（2）大气污染观测

本书使用的大气污染观测包括 PM10，SO_2、NO_2、O_3 和 CO。大气污染观测时间为 2014 年 1 月至 3 月，其中 CO 浓度单位为 mg/m^3，PM10、SO_2、NO_2、

O$_3$ 浓度单位为 μg/m^3。

（3）GNSS 水汽与风速数据

GNSS 水汽与风速数据的时间均为 2014 年 1 月至 3 月，数据采样率为小时观测值。

风速数据的单位为 m/s。

GNSS 水汽由河北省 GNSS CORS 观测数据反演获得，GNSS 水汽解算方案如下：解算软件为 GAMIT10.6，星历为 IGS 精密星历，解算方式为 Relax 模式，卫星高度角 10 度，引入同期国内 IGS 站点 WUHN、LHAZ、URUM、SHAO 等数据联合解算，站点天顶对流层延迟的解算为每小时估算一个值，结合站点气象观测数据可以获得河北省 GNSS 站点时值水汽，GNSS 水汽的单位为 mm。

本文采用了同时具有 PM2.5、大气污染观测、GNSS 与风速观测数据的站点进行研究，共有站点 18 个，站点名称见表 5-1。

PM2.5 浓度与大气污染观测及 GNSS 水汽、风速的相关性统计　　　表 5-1

城市	PM2.5 & PM10	PM2.5 & SO$_2$	PM2.5 & NO$_2$	PM2.5 & CO	PM2.5 & O$_3$	PM2.5 & PWV	PM2.5 & wind speed
承德	0.898	0.845	0.570	0.190	0.375	0.422	0.420
丰宁	0.738	0.657	0.201	0.096	0.160	0.290	0.258
兴隆	0.855	0.831	0.490	0.395	0.481	0.436	0.465
怀安	0.872	0.770	0.709	0.272	0.506	0.537	0.563
怀来	0.916	0.807	0.567	0.418	0.492	0.461	0.476
涉县	0.876	0.801	0.558	0.293	0.512	0.182	0.224
邢台	0.828	0.749	0.510	0.424	0.495	0.112	0.270
平山	0.867	0.843	0.581	0.111	0.337	0.139	0.114
晋州	0.858	0.836	0.562	0.298	0.160	0.112	0.105
满城	0.801	0.781	0.524	0.406	0.415	0.149	0.142
安新	0.870	0.306	0.630	0.334	0.567	0.159	0.107
廊坊	0.528	0.456	0.503	0.424	0.446	0.129	0.193
三河	0.871	0.846	0.606	0.487	0.489	0.398	0.400
沧州	0.813	0.774	0.510	0.239	0.405	0.131	0.171
唐山	0.827	0.779	0.397	0.352	0.352	0.374	0.298

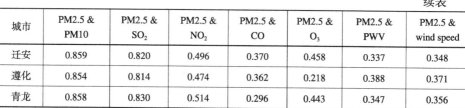

续表

城市	PM2.5 & PM10	PM2.5 & SO$_2$	PM2.5 & NO$_2$	PM2.5 & CO	PM2.5 & O$_3$	PM2.5 & PWV	PM2.5 & wind speed
迁安	0.859	0.820	0.496	0.370	0.458	0.337	0.348
遵化	0.854	0.814	0.474	0.362	0.218	0.388	0.371
青龙	0.858	0.830	0.514	0.296	0.443	0.347	0.356

注：除河北省邢台市 PM2.5 浓度与风速的相关性分析的显著性值为 0.024，其他城市各项相关性分析的显著性值均为 0。

5.1.2　研究方法

由于 PM2.5 浓度受到气象观测和大气污染观测的影响，各要素之间差异较大，具有较强的非线性特性，而人工神经网络是一种描述非线性现象的有效工具。BP 神经网络作为神经网络中最为广泛使用的一类，在 PM2.5 浓度预测中应用较为广泛[110]。典型的 BP 神经网络包括输入层、一个或多个隐藏层和一个输出层。BP 神经网络的算法学习过程主要是由输入正向传播和误差反向传播构成，正向传播过程是输入样本由输入层传入，经隐含层单元处理，根据权值和阈值计算每个单元的实际输出值，若此时实际输出值与期望值达到预定的误差范围，则学习过程成功结束；反向传播法是反向通过网络误差来调整权重，根据实际输出与期望输出修改权值矩阵，以减小神经网络结构的误差[110]。

5.2　PM2.5 浓度与大气污染观测及 GNSS 水汽、风速的相关性比较

在进行 PM2.5 浓度模型构建之前，需进行 PM2.5 浓度与大气污染观测及 GNSS 水汽、风速的相关性比较。表 5-1 为 PM2.5 浓度与大气污染观测及 GNSS 水汽、风速的相关性统计结果。

由表 5-1 可以看出，PM2.5 与大气污染观测之间呈显著正相关，分析其原因是氮氧化物和硫氧化物进入空气中经过相互作用生成二次细小粒子，进一步增加空气中的 PM2.5 浓度[103]；PM2.5 与水汽（PWV）呈显著正相关，分析其原因：

该段时间内没有发生大规模的降水，春季气温较低，煤炭燃烧产生大量的硫氧化物与氮氧化物与空气中的水汽发生化学反应生成大量的微颗粒，而该微颗粒属于 PM2.5；当空气中相对湿度较高情况下，PM2.5 易附着在空气中且不易扩散，从而造成 PM2.5 高浓度污染，使 PM2.5 浓度随相对湿度增加而升高[103]。PM2.5 与风速之间呈显著正相关，分析其原因是低风速情况下颗粒物扩散速度慢，易于颗粒物混合均匀加快化学反应的发生，从而增加空气中微颗粒物的浓度，使得 PM2.5 浓度升高。图 5-1 是随机选取的城市（青龙）PM2.5 浓度与大气污染观测及 GNSS 水汽、风速的比较图。

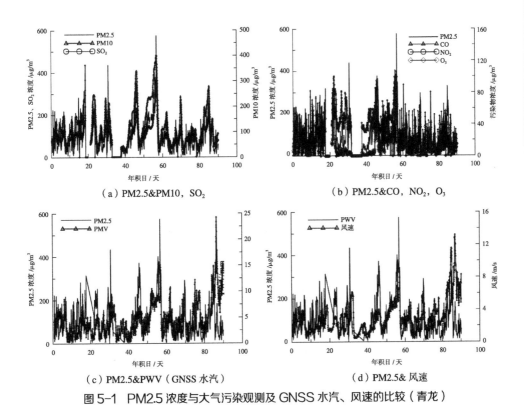

（a）PM2.5&PM10，SO$_2$　　　　（b）PM2.5&CO，NO$_2$，O$_3$

（c）PM2.5&PWV（GNSS 水汽）　　　（d）PM2.5& 风速

图 5-1　PM2.5 浓度与大气污染观测及 GNSS 水汽、风速的比较（青龙）

由表 5-1，图 5-1 可知，PM2.5 与大气污染观测、水汽和风速呈正相关特性。河北省地势情况复杂，兼有高原、山地、丘陵、平原、湖泊和海滨。按照河北省的地理分布，由南向北将河北省分为四个区域，分别是南部平原地区、中部平原地区，东部沿海地区和北部坝上高原（图 5-2）。将四个区域内的数据进行整合，并分析区域内 PM2.5 与大气污染观测、水汽和风速的相关性，统计结果见表 5-2。

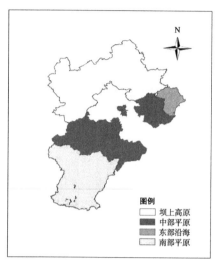

图 5-2　河北省区域图

区域 PM2.5 浓度与大气污染观测及 GNSS 水汽、风速的相关性统计　　　　　　表 5-2

区域	PM2.5 & PM10	PM2.5 & SO₂	PM2.5 & NO₂	PM2.5 & CO	PM2.5 & O₃	PM2.5 & PWV	PM2.5 & wind speed
坝上	0.871	0.785	0.497	0.249	0.438	0.425	0.461
中部	0.813	0.695	0.511	0.336	0.433	0.216	0.222
南部	0.861	0.795	0.540	0.279	0.373	0.138	0.123
沿海	0.858	0.830	0.514	0.296	0.443	0.347	0.356

由表 5-2 可以看出，在一个区域内，PM2.5 浓度与大气污染观测、风速、GNSS 水汽的相关性仍然是显著正相关，且相关性较好。说明在地势气候相近的地区，PM2.5 的浓度与大气污染观测、风速、GNSS 水汽存在关联。为此，基于 PM2.5 与大气污染观测、风速、GNSS 水汽的高相关性，可利用 BP 神经

网络对其进行预测模型的构建。

5.3 PM2.5 浓度预测模型构建及模型可靠性检验

　　对上述 18 个城市分别进行模型构建。将每个城市的相关数据分为两组，一组为训练建模数据，用来建立 BP 神经网络模型；另一组为测试数据用来对模型进行可靠性验证。由于 PM2.5 浓度变化较大，故对其进行分级建模。依照空气污染指数分级标准，将上述 18 个城市的 PM2.5 浓度数据以 $50\mu g/m^3$ 为标准分为优、良、轻度污染、中度污染、重度污染（超过 $200\mu g/m^3$ 均视为重度污染），建立城市及区域 PM2.5 浓度模型，并对其进行验证，图 5-3 是选取的平山 PM2.5 浓度实测值与城市模型预测值和区域模型预测值的比较图。

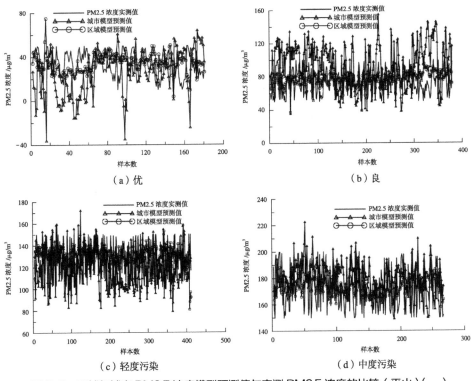

图 5-3　区域与城市 PM2.5 浓度模型预测值与实测 PM2.5 浓度的比较（平山）（一）

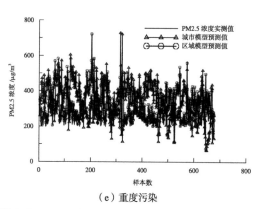

（e）重度污染

图 5-3　区域与城市 PM2.5 浓度模型预测值与实测 PM2.5 浓度的比较（平山）（二）

由图 5-3 可知，对 PM2.5 浓度进行分级模型构建后，可以得到不同等级的城市与区域 PM2.5 浓度预测模型，其预测值与验证值基本上未超过该等级所限制的范围，即用该分级模型预测的 PM2.5 浓度等级基本符合要求。为了更精确统计模型的预测误差，对误差值进行整理分析，得到其相对误差。发现在 PM2.5 浓度在不同等级预测模型的两个极值附近时，预测值偏差较大。对于 PM2.5 浓度值比较低的数值来说，建模后误差值对其影响较大。对于 PM2.5 浓度值较高的数值来说，相同的误差值对其影响很小。对此为了确保模型的可靠度，计算该预测模型预测值的相对误差。计算发现，除在每个等级极值附近相对误差值较大时（未超过该等级限定值），其余各项误差较小，几乎低于其本身值的 20%，精度较高。

为更好反映出预测模型的精度，对预测模型样本数及误差值进行整理分析，统计分析结果见表 5-3。

城市 PM2.5 模型样本数及均方根误差统计表　　　　表 5-3

城市	优		良		轻度污染		中度污染		重度污染	
	样本数	RMSE	样本数	RMSE	样本数	RMSE	样本数	RMSE	样本数	RMSE
承德	854	10.92	566	14.55	194	14.42	123	10.47	142	44.18
丰宁	983	11.66	373	16.20	252	13.37	109	10.69	89	29.54
兴隆	726	12.83	405	15.97	314	14.73	161	11.97	232	58.05
怀安	1335	9.48	207	15.41	143	14.07	66	13.71	133	37.32

城市	优		良		轻度污染		中度污染		重度污染	
	样本数	RMSE	样本数	RMSE	样本数	RMSE	样本数	RMSE	样本数	RMSE
怀来	919	8.23	385	14.84	198	13.44	91	20.34	246	42.64
涉县	264	7.65	409	14.94	407	14.40	222	17.29	520	93.69
邢台	134	11.08	265	13.06	375	12.60	320	14.61	807	64.04
平山	133	9.01	269	19.04	289	15.69	205	17.78	857	54.53
晋州	181	12.65	240	18.75	210	19.82	215	15.05	646	82.98
满城	156	11.46	215	14.99	248	14.33	209	15.27	899	78.35
安新	319	10.58	309	14.25	294	14.82	226	20.57	704	65.52
廊坊	489	13.56	408	13.63	341	12.48	231	17.75	432	54.79
三河	562	12.04	411	13.89	359	14.61	195	15.15	373	34.59
沧州	443	11.29	524	13.96	389	13.65	206	15.92	267	46.79
唐山	365	9.90	493	13.08	392	17.26	243	16.52	363	50.17
迁安	488	11.03	600	12.43	318	13.52	205	11.73	223	40.96
遵化	447	9.45	387	14.72	368	14.61	254	11.38	405	42.19
青龙	605	11.02	480	13.44	290	13.47	178	9.87	149	65.90

（注：表5-3中，RMSE为均方根误差）

由表5-3可以看出，预测模型在污染浓度等级为优时，均方根误差值小，由于其预测值较低，故其精密程度较低；在污染浓度等级为良、轻度污染、重度污染时，均方根误差值较小，预测结果较为准确；在污染浓度等级为重度污染时，出现均方根误差值较大的情况，因为预测值与真值的数值较大，故偏差较大。

对区域PM2.5浓度预测模型的样本数及误差值进行整理分析，统计分析结果见表5-4。

区域PM2.5模型样本数及均方根误差统计　　　　　　　表5-4

区域	优		良		轻度污染		中度污染		重度污染	
	样本数	RMSE	样本数	RMSE	样本数	RMSE	样本数	RMSE	样本数	RMSE
坝上	4817	10.38	1936	14.79	1104	14.32	389	17.30	842	49.21
中部	3269	10.34	3347	14.09	2709	13.90	1769	12.83	3666	68.15
南部	712	9.86	1183	14.26	1281	13.41	962	15.20	2830	60.72
沿海	605	11.02	480	13.44	290	13.47	178	9.87	149	65.90

由表 5-4 可知，区域预测模型样本数较大，区域预测模型与城市区域预测模型差异较小，预测结果较为准确。

通过对 PM2.5 浓度与大气污染物及 GNSS 水汽和风速的相关性分析及模型构建，获得以下结论：

（1）PM2.5 浓度与气态污染物之间存在显著正相关特性；

（2）PM2.5 浓度与水汽之间存在正相关特性，与低风速存在正相关特性；

（3）利用 BP 神经网络构建的 PM2.5 预测模型以气态污染物与气象要素为参数，综合考虑了影响 PM2.5 浓度变化的内部因素与外部条件，模型拟合度较好，可以准确地预报 PM2.5 浓度等级。本书提出的 PM2.5 浓度模型可用于区域 PM2.5 浓度时间序列反演，对掌握大气污染的时空分布规律和减灾预报具有借鉴和指导意义。

第6章

基于小波变换与回归分析的PM2.5浓度模型研究

鉴于之前国内外学者所作研究仅以大气污染物或外部气象数据为自变量构建 PM2.5 浓度模型，忽略其综合影响作用。本书在第 5 章研究中建立基于 BP 神经网络的 PM2.5 浓度预测模型，模型效果较好，经过对模型可靠性分析发现：基于 BP 神经网络建立的 PM2.5 浓度模型虽然对非线性变换有较好的拟合能力，但其模型为非确定性模型，时间尺度较短，同时由于所选大气污染观测个数较多，彼此之间相互影响作用较大，故本章拟在第四章的基础上，对模型自变量因子进行选择，保留对 PM2.5 浓度变化影响较大的因素参与建模。由第 4 章研究可知：PM2.5 与 PM10 呈显著正相关，且相关系数高达 0.8，而风速与水汽分别影响 PM2.5 微颗粒的水平移动和垂向移动，故利用已有观测数据构建确定性 PM2.5 浓度模型。

本章以河北省为例，在开展 PM2.5 与 PM10、水汽、风速的相关性分析基础上，首先建立以 PM10 为自变量的单变量浓度模型；其次将 GNSS 水汽与风速作为约束因素加入到模型构建中，利用小波变换对水汽进行分解重构，以 PM10、风速、小波分解重构后的水汽为自变量，PM2.5 浓度为应变量，借助回归分析方法实现 PM2.5 模型构建，并与实测 PM2.5 浓度值比较进行可靠性验证。该模型将用于 PM2.5 浓度序列反演，以期为大气污染治理提供参考。

6.1 研究数据及研究方法

6.1.1 研究数据

该文研究数据包括 PM2.5、PM10 浓度数据，GNSS 水汽与风速观测数据。

（1）PM2.5、PM10 浓度数据

PM2.5、PM10 浓度数据为 2014 年 1 月至 2015 年 4 月的时值数据，单位为 $\mu g/m^3$。

（2）GNSS 水汽与风速数据

水汽的获取方式有无线电探空、卫星遥感、水汽辐射计和 GNSS 观测。因无线电探空观测站点较少，每天施测两次；卫星遥感受天气和云遮盖的影响；水汽辐射计价格昂贵，站点分布较稀等不足；而GNSS反演水汽具有高时空分布率、精度高等优势，河北省2008年布设了GNSS连续观测网络，积累了多年的历史观测数据。因此，该文采用GNSS观测数据反演水汽。

水汽由河北省GNSS连续观测数据反演获得，GNSS水汽解算方案如下：解算软件为高精度GNSS定位定轨软件GAMIT10.6，星历为精密星历，解算方式为松弛解模式，卫星高度角设为10度，与国内多个IGS站点（BJFS、LHAZ、SHAO、WUHN、URUM）的GNSS数据联合解算，每小时估算一个对流层延迟值，结合测站气象观测数据可计算获得河北省测站时值水汽，GNSS水汽的单位为mm。

GNSS水汽与风速数据的时间均为2014年1月至2015年4月，数据采样率为小时观测值。风速数据的单位为m/s。

本书采用了同时具有PM2.5、风速、GNSS观测数据的站点进行研究，共有站点14个，见图6-1。

图6-1 研究区站点分布图

6.1.2 研究方法

（1）小波分析

水汽序列存在明显的季节性变化，不同季节的水汽变化差异大，小波变换具有高分辨率优点，利用小波变换方法处理可以降低季节变化造成的影响，可进一步揭示 GNSS 水汽变化与 PM2.5 浓度之间的关系。

小波变换是一种信号的时间—频率分析方法，具有多分辨分析的特点，而且在时域和频域具有表征信号局部特征的能力。小波变换是把某一被称为基本小波的函数作位移 τ 后，在不同尺度 a 下，与分析信号 $f(t)$ 做内积：

$$\mathrm{Wf}(a,\tau) = \langle f(t), \Psi_{a,\tau}(t) \rangle = \frac{1}{\sqrt{a}} \int_R \Psi^* \left(\frac{t-\tau}{a} \right) \mathrm{d}t \qquad (6\text{-}1)$$

式（6-1）中，$a > 0$，成为尺度因子，其作用是对基本小波 $\Psi_{a,\tau}(t)$ 作伸缩，τ 反映位移，其值可正可负，a 和 τ 都是连续的变量，故又称为连续小波变换。在不同的尺度下小波持续时间随值的加大而增宽，幅度则与 $\sqrt{a}$ 反比减少，但波的形状保持不变。

常用的小波函数有 Morlet 小波、Marr 小波、DOG 小波、Haar 小波、正交小波等，各小波都有其各自特点。由于本书需要对 PWV 作多尺度分析、信号重构，故选择紧支撑标准正交小波 DbN 小波系。DbN 系列小波随着阶次增加，消失矩阶数增加，频带划分的效果更好，但会使时域紧支撑性减弱，同时计算量大大增加，实时性变差。

（2）多元线性回归模型

PM2.5 浓度变化受到多个因素的影响，需要两个或两个以上的影响因素作为自变量来解释因变量 PM2.5 浓度的变化。在线性关系条件下，两个或者两个以上自变量对应一个因变量，为多元线性回归分析，表现这一数量关系的数学公式，称为多元线性回归模型。设 y 为因变量，x_1，x_2，x_3…为自变量，则多元线性回归模型为：

$$y = b_0 + b_1 x_1 + b_2 x_2 + \cdots + b_k x_k \qquad (6\text{-}2)$$

其中，b_0 为常数项，b_1，b_2，$\cdots$，b_k 为回归系数。

6.2　PM2.5 浓度与 PM10 及水汽、风速的相关性比较

　　PM10、SO_2、NO_2 等大气污染物是影响 PM2.5 浓度变化的内部因素，水汽、风速、温度、气压等是影响其变化的外部气象条件。PM2.5 作为 PM10 微颗粒较小的部分，在 PM10 中所占比重越高，污染越严重，故在影响 PM2.5 浓度变化的内部因素中选择 PM10 进行相关性分析；在影响 PM2.5 浓度变化的诸多外部气象因子中，风速影响其水平移动，水汽影响其垂直方向移动，故选择水汽、风速分别与 PM2.5 浓度序列的相关性分析。表 6-1 为 PM2.5 浓度与 PM10 及 GNSS 水汽、风速，PM10 与风速的相关性统计结果。

PM2.5 浓度与 PM10 及 GNSS 水汽、风速的相关性统计　　　　　表 6-1

站点	PM2.5&PM10	PM2.5&GNSS 水汽	PM2.5& 风速	PM10& 风速
三河	0.825	−0.023	−0.320	−0.193
兴隆	0.712	0.057	−0.187	−0.073
安新	0.760	−0.239	−0.241	−0.218
平山	0.889	−0.134	−0.314	−0.211
怀来	0.571	0.172	−0.197	0.228
文安	0.863	−0.022	−0.276	−0.156
晋州	0.864	−0.172	−0.336	−0.212
涉县	0.846	−0.050	−0.196	−0.070
涿州	0.853	−0.102	−0.368	−0.290
满城	0.836	−0.173	−0.342	−0.224
滦平	0.582	0.093	−0.115	0.034/0.072
赵县	0.904	−0.240	−0.215	−0.188
迁安	0.784	0.092	−0.335	−0.074
遵化	0.860	−0.050	−0.340	−0.254

　　（注：三河与文安两个站点的 PM2.5 与 GNSS 水汽的相关性分析显著性检验值分别为 0.027 和 0.31，滦平站点 PM10 与风速的相关性分析显著性检验值为 0.72，其余各项显著性值均为 0.000）。

　　由表 6-1 可知，PM2.5 与 PM10 呈正相关，与风速呈负相关，与 GNSS 水汽的相关性为负但相关系数值较小。较之于 PM2.5 与风速的相关性，PM10 与

风速的相关性更低，且个别城市不相关（滦平未通过 95% 的显著性检验）或相关性很低（兴隆、涉县、迁安），说明 PM10 与风速的相关性较低，可近似认为两者是相互独立的。在空气中相对湿度较高的情况下，PM2.5 易附着在空气中不易扩散，从而造成 PM2.5 的高浓度污染，使 PM2.5 浓度随 GNSS 水汽的增加而上升，故 PM2.5 与 GNSS 水汽呈显著正相关。由于 GNSS 水汽原始数据存在季节性变化，夏秋季水汽含量高，而冬春季节 GNSS 水汽含量较低，对深入分析 PM2.5 与 GNSS 水汽之间的相关性造成干扰。利用正交小波基函数对 GNSS 水汽时间序列进行分解，将 GNSS 水汽分解成 13 层，包括低频信号 A13 和高频信号 D1-D13，进而对高频低频分别进行重构后再进行相关性分析，各重构信号和对应周期见表 6-2。经试验比较可知，由高频信号 D7 ～ D9 组合的重构序列与 PM2.5 浓度的相关性最佳，而该重构序列的周期为 128 ～ 1024h，即 5 ～ 43日。比较发现 D7 高频信号（128 ～ 256h）与 D8 高频信号（256 ～ 512h）、D9 高频信号（521 ～ 1024h）重构后的 GNSS 水汽与 PM2.5 浓度的相关性较好，相关性结果如表 6-3。

不同频段对应周期					表 6-2
频段	A13	D13	D12	D11	D10	D9
周期 /h	16384 − ∞	8192 − 16384	4096 − 8192	2048 − 4096	1024 − 2048	521 − 1024
频段	D8	D7	D6	D5	D4	D3	D2	D1
周期 /h	256 − 512	128 − 256	64 − 128	32 − 64	16 − 32	8 − 16	4 − 8	2 − 4

PM2.5 浓度与重构后 GNSS 水汽的相关性统计			表 6-3
站点	PM2.5& 重构后的 GNSS 水汽	站点	PM2.5& 重构后的 GNSS 水汽
三河	0.203	涿州	0.216
兴隆	0.266	满城	0.185
安新	0.142	滦平	0.281
平山	0.249	赵县	0.094
怀来	0.326	迁安	0.228
文安	0.184	遵化	0.256
晋州	0.156	涉县	0.188

（注：表中各项相关性系数的显著性值均为 0.000）

由表 6-3 可知，PM2.5 浓度与小波分解重构后的 GNSS 水汽呈正相关特性，相关性系数与表 6-1 PM2.5 浓度与 GNSS 水汽的相关性系数相比，有了较大的提高。分析其原因是：GNSS 水汽存在明显的季节性变化周期，通过小波变换分解重构后，选择周期为 128 ～ 1024h 周期的小波分析结果，降低了季节性变化因素对相关性结果造成的干扰。图 6-2 为怀来、滦平站点的 PM2.5 浓度与 GNSS 水汽、小波分解重构水汽序列的相关性比较。

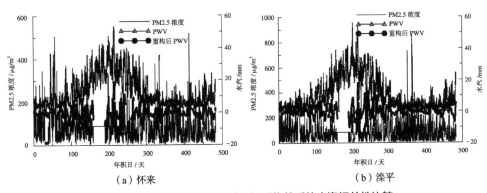

（a）怀来　　　　　　　　　　（b）滦平

图 6-2　PM2.5 浓度与小波分解重构前后的水汽相关性比较

（注：由于数据时间超过一年，横轴用年积日表示，366 天表示为 2015 年 1 月 1 日）

由图 6-2 可以看出，水汽存在明显季节性变化。水汽在夏秋季含量较高，经小波变换分解重构后的 GNSS 水汽去除了季节性因素影响，有效提高了其与 PM2.5 浓度的相关性，小波分解重构的 GNSS 水汽可用于 PM2.5 浓度模型构建。

6.3　单变量 PM2.5 浓度模型构建

基于 PM2.5 浓度与 PM10 浓度的高相关性，以 PM10 浓度为自变量，PM2.5 浓度为因变量构建 PM2.5 浓度模型。用 2014 年全年的数据进行 PM2.5 模型构建（模型系数见表 6-4），以 2015 年的数据进行可靠性检验，图 6-3 是选取的两个城市的 PM2.5 浓度实测值与 PM2.5 浓度模型预测值的比较图。

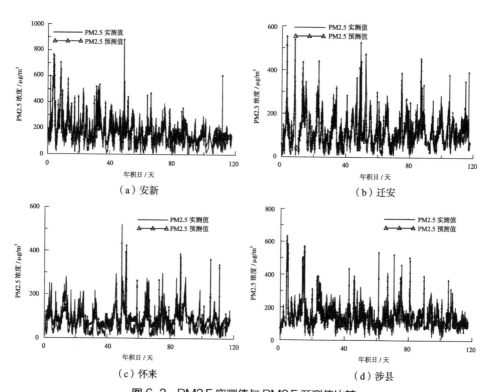

图6-3 PM2.5实测值与PM2.5预测值比较

由图6-3可知，以PM10为自变量构建的PM2.5浓度模型，在PM2.5浓度发生骤变时对PM2.5浓度的预测能力较差，分析其原因是：以PM10为自变量只考虑到影响PM2.5浓度变化的内部因素，而影响PM2.5浓度发生骤变的外在因素没有作为自变量参与建模。

6.4 多变量 PM2.5 浓度模型构建

在上节中建立以PM10浓度时间序列为自变量的单变量PM2.5浓度模型，其在发生骤变时拟合效果较差，故将影响其浓度变化的外部气象条件作为自变量加入到模型构建中，而影响PM2.5浓度变化的外在因素中，风速会对其横向移动产生影响，水汽对其垂向移动产生影响。由于季节性变化使GNSS水汽值变化较大，故采用小波分解重构后的GNSS水汽序列参与建模，建模数据为

2014 年全年数据，模型构建方法为线性回归法。因参与建模的自变量与因变量量纲不同，故对其作归一化处理进行建模，模型建立后再作反归一化处理与PM2.5 浓度实测值进行比较。为更好的比较两种模型之间的差异，对两种模型的各项系数进行统计，统计后 PM2.5 浓度模型系数见表 6-4。

不同站点 PM2.5 浓度模型　　　　　　　　　　表 6-4

站点	多变量模型				单变量模型	
	常数项	PM10 系数	GNSS 水汽系数	风速系数	常数项	PM10 系数
三河	0.006	1.311	0.134	−0.168	8.108	1.026
兴隆	−0.019	2.795	0.063	−0.062	10.322	1.118
安新	0.028	0.495	0.001	0.036	49.461	0.854
平山	0.033	1.189	0.106	−0.175	32.296	0.846
怀来	0.011	1.493	0.187	−0.345	34.925	0.603
文安	0.030	0.912	0.058	−0.143	25.813	0.949
晋州	0.092	1.178	0.030	−0.161	47.944	0.801
涉县	0.013	1.086	0.056	−0.122	9.616	1.161
涿州	0.015	1.072	0.060	−0.084	25.840	0.896
满城	0.047	0.961	0.077	−0.039	49.039	0.868
滦平	−0.008	1.325	0.095	−0.431	36.160	0.640
赵县	0.029	1.192	0.059	−0.069	29.131	0.933
迁安	0.057	2.348	0.150	−0.284	6.671	1.107
遵化	0.003	1.289	2.091	−1.004	6.894	1.056

对多变量 PM2.5 浓度模型进行检验，检验数据时间为 2015 年 1 ~ 4 月。模型预测值与 PM2.5 浓度实测值的比较见图 6-4。

由图 6-3 与图 6-4 比较可知，多变量建模的效果优于单变量建模效果，PM2.5 浓度预测值变化与实测值变化更为吻合。分析其原因是：PM2.5 浓度在短时间内发生较大改变时一般是由于外在环境条件的改变，PM10 作为单变量建模仅仅考虑到 PM2.5 浓度发生改变的内在条件，不能及时反映外界环境变化对 PM2.5 浓度变化的影响。而风速与分解重构后 GNSS 水汽的加入，使得多变量模型建模更符合实际情况。

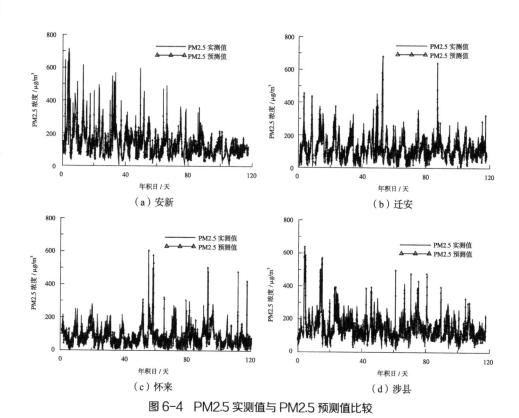

图 6-4　PM2.5 实测值与 PM2.5 预测值比较

6.5　两种模型精度比较

为更好地反映多变量 PM2.5 浓度模型与单变量模型的精度，通过与 2015 年 1 ～ 4 月 PM2.5 浓度实测值比较，计算两类模型的均方根误差和平均偏差，统计结果见表 6-5。

PM2.5 浓度模型误差统计　　　　　　　　　　表 6-5

站点	RMSE		平均偏差	
	单变量模型	多变量模型	单变量模型	多变量模型
三河	76.32	70.89	2.26	− 0.69
兴隆	32.97	30.90	4.00	7.80
安新	59.09	54.65	2.34	− 1.19

站点	RMSE		平均偏差	
	单变量模型	多变量模型	单变量模型	多变量模型
平山	55.88	50.17	2.56	1.24
怀来	51.36	45.20	12.01	9.16
文安	49.69	45.10	−1.40	0.01
晋州	57.48	53.67	1.81	4.65
涉县	44.61	39.29	−1.75	−2.76
涿州	47.43	46.63	−3.51	−7.94
满城	67.25	62.61	−10.49	−12.52
滦平	42.22	42.18	4.21	4.75
赵县	52.36	50.33	−6.97	−8.52
迁安	40.46	36.93	7.98	2.60
遵化	44.98	40.80	−8.37	−10.69

由表 6-5 的 PM2.5 浓度模型误差统计可知，单变量模型均方根误差大于多变量模型的均方根误差，分析其原因：在全年模型中冬季和春季的 PM2.5 浓度值较高，导致误差值偏大。两种模型的平均偏差值较低且多变量模型的均方根误差低于单变量模型，说明多变量模型预测的 PM2.5 浓度精度更高，在 PM2.5 浓度发生变化时拟合效果更佳。图 6-5 是安新和迁安站点的两种模型预测值与 PM2.5 浓度实测值的差值比较图。

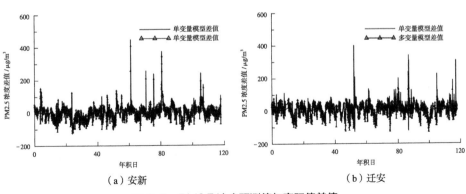

（a）安新　　　　　　　　　　（b）迁安

图 6-5　PM2.5 浓度预测值与实际值差值

由图 6-5 可知，单变量模型预测值与实际值的差值高于多变量模型预测值与实际值的差值，说明多变量模型拟合度较好。

由于 PM2.5 浓度值跨度较大，为更细致地研究多变量模型在不同 PM2.5 浓度值下模型预测效果，对 PM2.5 浓度值进行分级。依照空气污染指数分级标准，将上述 14 个城市的 PM2.5 浓度值以 $50\mu g/m^3$ 为标准间隔将大气空气质量划分为优、良、轻度污染、中度污染、重度污染（超过 $200\mu g/m^3$ 均视为重度污染）五个等级。不同等级的平均偏差及预测准确率见表 6-6。

多变量模型不同等级误差偏差量及预测准确率统计　　　　表 6-6

站点	不同污染等级偏差量与准确度									
	优		良		轻度污染		中度污染		重度污染	
	平均偏差	准确率	平均偏差	准确率	平均偏差	准确率	平均偏差	准确率	平均偏差	准确率
三河	19.20	61%	−26.40	54%	−1.10	71%	−25.34	29%	54.74	35%
兴隆	9.50	67%	21.53	74%	1.20	75%	15.30	40%	−38.12	41%
安新	11.41	59%	1.89	76%	4.54	53%	6.08	53%	73.07	89%
平山	46.74	7%	32.99	39%	7.69	75%	−19.76	49%	−41.30	54%
怀来	22.08	45%	18.50	69%	−12.91	59%	−42.56	8%	−76.05	10%
文安	26.54	40%	24.32	51%	0.13	75%	−25.70	32%	−49.77	41%
晋州	35.32	15%	28.62	25%	−4.14	43%	−31.96	68%	−2.74	98%
涉县	24.41	26%	23.60	59%	2.47	79%	−27.68	41%	40.74	42%
涿州	−27.33	50%	−14.43	68%	−8.57	75%	−35.06	26%	−61.55	29%
满城	48.17	4%	35.55	35%	12.48	58%	−8.04	68%	−60.77	59%
滦平	37.18	27%	9.75	64%	−34.78	28%	−66.40	4%	−81.55	0%
赵县	49.79	3%	28.43	43%	3.23	82%	−25.15	43%	−59.85	48%
迁安	29.61	37%	21.13	53%	2.96	75%	−26.00	48%	−53.69	26%
遵化	12.46	57%	15.17	74%	−5.71	73%	−27.70	29%	−53.05	36%

（注：准确率 = 等级预测正确的个数 / 总的预测个数 *100%。）

由表 6-6 可知，在污染等级为优或者重度污染时，个别地区出现预测准确率极低的情况，分析其原因是个别地区该时间段内整体 PM2.5 浓度偏高或偏低，出现等级为优或重度污染的情况较少。多变量模型在污染等级为良、轻度污染时效果极佳，偏差量小，准确率高；在污染等级为中度、重度污染时，由于PM2.5浓度值较高，偏差量大，预测效果较好；在污染等级为优时，模型对PM2.5浓度序列拟合较差，偏差量大，准确率低。以安新、兴隆为例，图6-6为多变量模型在不同污染等级的PM2.5浓度预测值与实测值的比较。

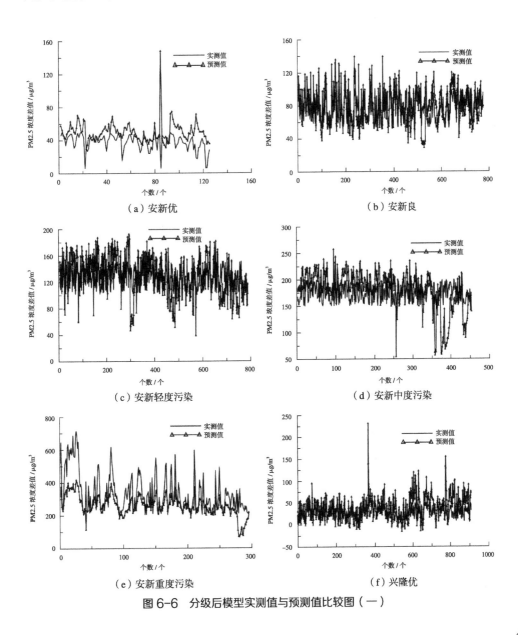

图6-6 分级后模型实测值与预测值比较图（一）

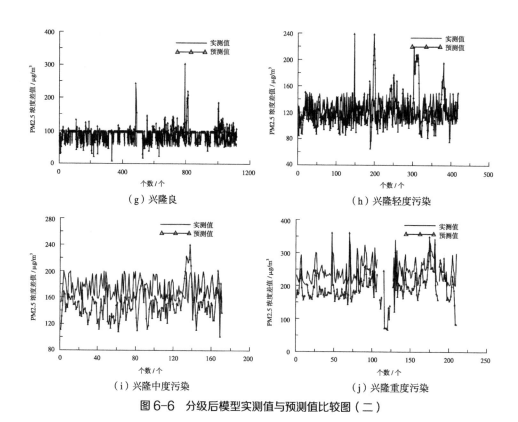

（g）兴隆良　　　　　　　　　　　　（h）兴隆轻度污染

（i）兴隆中度污染　　　　　　　　　　（j）兴隆重度污染

图6-6　分级后模型实测值与预测值比较图（二）

由图6-6可看出，PM2.5浓度实测值与多变量模型预测值在不同污染等级下的数值比较，多变量模型在污染等级为优、重度污染时，预测能力较差。在污染等级为良、轻度污染、中度污染、重度污染时，模型预测效果较好。

通过对PM2.5浓度与PM10、风速、分解重构后的GNSS水汽进行相关性分析及模型构建，获得以下结论：

（1）多变量模型预测PM2.5浓度模型均方根误差小于单变量模型。通过比较两种模型预测值与实测值之差，验证了多变量模型在预测PM2.5浓度数值的精度优于单变量模型。

（2）多变量模型在PM2.5浓度等级为优、重度污染时模型预测较差，在PM2.5浓度值为良、轻度污染、中度污染时，模型预测效果较好。

第7章

基于 GNSS 与 InSAR 的形变监测

地表发生的形变是一个三维变形的过程，发生变形的地面上的点为三维度形变变化。同时，进行地质灾害预测研究的关键基础是获取高时空分辨率、高精度的地质灾害三维形变。目前的地面形变观测技术：合成孔径雷达干涉测量（InSAR）、全球卫星导航定位（GNSS）和几何水准测量等都是以某一类型形变为主。因此，融合多种类型监测形变数据进行精确反演地质灾害三维形变，对深入解释地质灾害形变特征及分析地质灾害形成机制具有非常关键的作用。本章选择雄安新区作为平原区开展基于 GNSS 观测与 D-InSAR 技术的形变监测研究，以论证 GNSS 观测与 D-InSAR 技术融合监测形变技术，并以天津蓟州某山区为例，开展基于 GNSS 观测、水准测量、InSAR 测量多技术融合的滑坡体灾害监测研究，获得滑坡体形变，监测结果可为地质灾害形成规律、分布特征、发生机制及维持稳定性研究提供依据。

7.1 GNSS 水汽 /ZTD 插值

D-InSAR 数据处理过程中结合外部数据进行大气相位去除，需要获得与影像同期的 ZTD 差值，目的是提高 D-InSAR 处理结果的精度。GNSS ZTD 结合气象要素可获得与探空水汽精度一致的水汽信息。

同时京津冀位于平原区域，经济飞速发展，但地面沉降趋势险峻，对人民生产生活造成影响，将已有的该区域 GNSS 连续观测数据用于天气预报、InSAR 形变等研究具有重要意义。PWV 与 ZTD 两者密切相关，D-InSAR 技术进行处理需要获得与影像同期的 ZTD 差值以去除大气相位的影响。京津冀区域 GNSS 测站之间相距数十公里，比较稀疏，进行 GNSS ZTD 空间插值研究具有一定的意义。本章节利用京津冀区域不同期下包括发生和未发生降水过程的 GNSS 观测数据推算出 ZTD 进行空间插值研究，并验证选取空间插值方法的精度问题。

7.1.1 研究数据与研究方法

（1）研究数据

京津冀区域 GNSS ZTD 包括河北省连续运行参考站（GNSS CORS）测站及 CMONOC 的北京、天津的测站，共计 71 个 GNSS 测站，测站分布如图 7-1 所示。

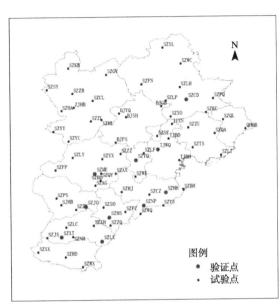

图 7-1　京津冀地区测站分布图

通过高精度解算软件 GAMIT/GLOBK 解算 GNSS ZTD 是研究的基础，京津冀站点的 ZTD 计算设置如下：卫星轨道采用国际 GNSS 服务（IGS）精密星历，解算模式为 Relax，采样间隔为 30s，解算时间为世界标准时（UTC）00:00 ~ 24:00，逐天解算。参数文件中天顶延迟计算设置为 Y，时间间隔为 1，即每小时解算一次 ZTD，GAMIT 软件估算对流层延迟所用气象参数采用默认标准值。为获得高精度京津冀地区测站 ZTD，测站加入同期 IGS 站拉萨（LHAZ）、上海（SHAO）、乌鲁木齐（URUM）、武汉（WUHN））同步解算，使用 SAAS 模型同步计算 O 文件反演得出 ZTD。

GNSS ZTD 插值数据时间为 2016 年 9 月 ~ 2017 年 8 月，时间点为 SAR 卫星过境的整点时间，每月抽出一天数据，共 12 组 ZTD 作为研究数据，其数据单位为 m。因降水过程的发生导致 PWV 的下降，同时会对 ZTD 数值产生影响。为反映降水是否会引起 ZTD 变化，从而对空间插值精度产生影响，在数据选择上，保证 2016 年 9 月 ~ 2017 年 5 月为未发生降水过程的数据，2017 年 6 ~ 8 月为发生降水过程的数据。

利用 GNSS 数据解算时，软件所采用的对流层延迟模型里，测站高程坐标值作为模型参数参与 ZTD 计算，故在对 ZTD 进行插值的工作中考虑点位水平坐标对 PWV 数值的影响外，还有需要进行高程差异影响的考虑[88]。故站点中选取 10 个作为精度验证时，站点均匀分布在京津冀平原区域，除 TJWQ 缺失 2016 年 9 月数据外，其他数据完整。为 InSAR 大气校正提供依据，实验数据选取 UTC 时间 10 点，即 Sentinel-1A 卫星过境时间的数据。京津冀地区试验点和验证点分布如图 7-1 所示。

（2）研究方法

ArcGIS 提供很多进行空间插值的方法，本章节分别采用普通克里金法、反距离权重法、样条插值法，对随机选取 1 组整理好的 GNSS 对流层延迟数据进行空间插值（图 7-2）。

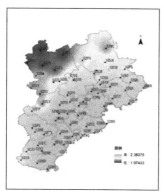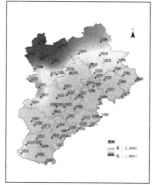

（a）反距离权重法　　　　（b）普通克里金法　　　　（c）样条插值

图 7-2　三种空间插值方法比较

由图 7-2 可看出，三种空间插值方法得出的结果基本相同，无法直观判断其精度。为验证空间插值精度，按点提取值，获得的 10 个验证点通过空间插值方法得到的 ZTD 估算值，与 GAMIT 软件推算的 ZTD 数值进行比对，统计平均偏差和均方根误差指标，统计结果见表 7-1。

空间插值方法比较		表 7-1
插值方法	平均偏差 /cm	均方根误差 /cm
普通克里金法	0.52	1.20
反距离权重法	0.14	0.56
样条插值法	2.28	4.34

由表 7-1 可知，通过比较各种空间插值后得到的平均偏差和均方根误差，发现：反距离权重法进行空间插值得到的数值精度最高，明显优于普通克里金法和样条插值法，因此，本章节选择反距离权重法进行 ZTD 的插值研究。

7.1.2　GNSS ZTD 插值

（1）ZTD 与 PWV 相关性比较

由于一定数量 GNSS 测站未设置观测气象的仪器，无法获取真实的气压、温度等气象观测要素，因而无法通过模型、转换系数计算 GNSS 站点 PWV。ZTD 与 PWV 之间是否存在关系？存在什么样的关系？能否可以直接利用 GNSS ZTD 替代 PWV 做研究？如果 GNSS ZTD 与 PWV 存在高相关性，则可以利用 GNSS ZTD 空间插值结果用于 InSAR 大气校正和短期天气预报。为验证 GNSS ZTD 与 PWV 之间的关系，选择河北省 4 个已安置气象观测仪器的 GNSS 站点开展二者的相关性研究。4 个站点为 SZAX（保定安新）、SZFN（承德丰宁）、SZHA（张家口怀安）、SZHL（张家口怀来），数据时间为一整年连续观测数据，从 2013 年 3 月 1 日至 2014 年 2 月 28 日，ZTD 单位为 m，PWV 单位为 mm，无须统一数据单位，均为小时数据。GNSS ZTD 和 PWV 的二者趋势见图 7-3。

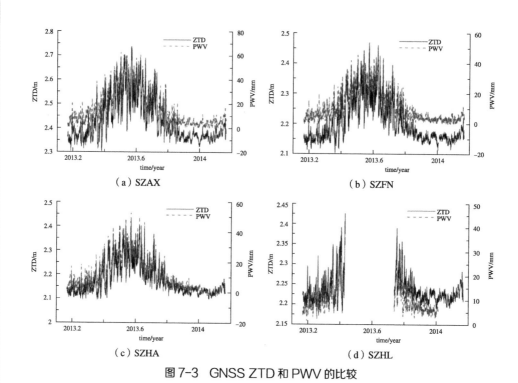

图 7-3　GNSS ZTD 和 PWV 的比较

由图 7-3 可得，除张家口怀来缺失部分数据，GNSS ZTD 与 PWV 二者时间序列趋势基本相同，存在良好的对应关系。故需验证二者相关性以及显著性值。统计结果见表 7-2。

GNSS ZTD 与 PWV 相关性统计　　　　　　　　　　　　　表 7-2

站点	样本数	相关性	显著性值
SZAX	8652	0.983	0.000
SZFN	8629	0.980	0.000
SZHA	7285	0.981	0.000
SZHL	4667	0.917	0.000

注：假定显著性值低于 0.001 的数据为通过检验

由表 7-2 可得，GNSS ZTD 和 PWV 相关性超过 0.917，存在显著正相关特征。因此可以利用 GNSS ZTD 代替 PWV 开展空间插值研究。同时经过对河北

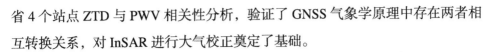

省4个站点ZTD与PWV相关性分析，验证了GNSS气象学原理中存在两者相互转换关系，对InSAR进行大气校正奠定了基础。

（2）GNSS ZTD插值

将去除掉验证点数据后的GNSS ZTD数据利用ArcGIS软件中的反距离权重法进行空间插值，如图7-4所示其中4组不同季节的京津冀地区GNSS ZTD空间插值图。空间插值进行完毕后，将10个验证点展点在空间插值图上，ArcGIS工具箱中选择Spatial Analyst工具——提取分析——值提取至点，提取验证点所在位置对应的ZTD估算值，并与GNSS解算ZTD数值进行比较，计算各点平均偏值和均方根误差。图7-5为验证点GNSS ZTD真实值与估算值的差值图。表7-3为ZTD估算值与ZTD真实值的误差统计。

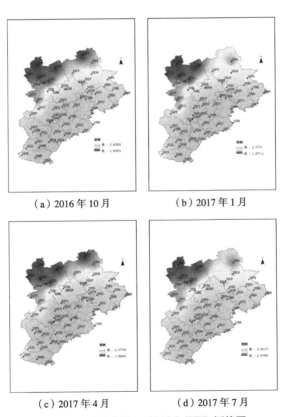

（a）2016年10月　　　　　　（b）2017年1月

（c）2017年4月　　　　　　（d）2017年7月

图7-4　京津冀地区GNSS ZTD插值图

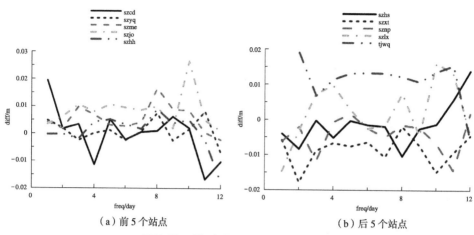

（a）前 5 个站点　　　　　　　　　　　（b）后 5 个站点

图 7-5　验证点真实值与估算值的差值

验证点平均偏差和均方根误差统计　　　　　　　　表 7-3

Station	全年		无降水过程		降水过程	
	平均偏差 /cm	均方根误差 /cm	平均偏差 /cm	均方根误差 /cm	平均偏差 /cm	均方根误差 /cm
SZCD	−0.02	0.95	0.26	0.82	−0.84	0.95
SZYQ	0.09	0.44	0.09	0.35	0.08	0.77
SZME	0.53	0.51	0.64	0.48	0.21	0.56
SZJO	0.84	0.66	0.76	0.32	1.08	1.38
SZHH	0.08	0.67	0.27	0.34	−0.51	1.16
SZHS	−0.13	0.63	−0.38	0.35	0.61	0.76
SZXT	−0.85	0.44	−0.81	0.43	−0.96	0.52
SZNP	−0.41	0.50	−0.34	0.39	−0.64	0.81
SZLX	0.21	0.89	0.01	0.77	0.83	1.11
TJWQ	1.12	0.64	1.25	0.34	0.78	1.18

　　由图 7-5 和表 7-3 可知，TJWQ 缺少 1 组 ZTD 数据，其余测站未考虑降水造成影响的全年 ZTD 数据进行空间插值得到的平均偏差最大在 −0.85cm，均方根误差最大在 0.95cm；未发生降水过程的 ZTD 数据进行空间插值得到平均偏差最大在 −0.81cm，均方根误差最大在 0.82cm；发生降水过程的 ZTD 数据进行空间插值得到平均偏差最大在 1.08cm，均方根误差最大 1.38cm。TJWQ 在全年、

有无降水过程的空间插值得到的 ZTD 估值与 GNSS ZTD 之间误差较大，分析其原因是天津武清区周边无站点观测数据提供插值依据。王勇等人所做大量研究表明：GNSS ZTD 与 PWV 转换比例近似为 6∶1，或为 0.15。即 6mm GNSS ZTD 等价于 1mm PWV。即使 TJWQ 缺失，其余测站在全年、有无降水过程的空间插值误差最大均方根误差为 1.38cm，转换为 PWV 仅为 2.07mm。京津冀地区 GNSS ZTD 空间插值效果满足 InSAR 应用 GNSS ZTD 进行大气校正的精度要求。

本节通过对京津冀区域 GNSS ZTD 与 PWV 的相关性研究以及利用 GNSS ZTD 进行空间插值分析研究，获得以下结论：

（1）通过相关性分析，发现 GNSS ZTD 和 PWV 之间为显著正相关，验证二者相互转换关系，因此可以用 GNSS ZTD 数据代替 PWV 数据进行数据分析研究，为 InSAR 大气校正提供基础；

（2）通过实验发现：反距离权重法进行空间插值精度优于其余两种空间插值方法；通过反距离权重法对京津冀平原区域进行 GNSS ZTD 空间插值研究，除去 TJWQ 缺少数据，其他测站的 ZTD 估值与其真值的均方根误差最大为 1.38cm，对于 TJWQ，可以通过天津市 GNSS CORS 资料补充插值，京津冀地区 GNSS ZTD 空间插值效果满足 InSAR 应用 GNSS ZTD 进行大气校正的精度要求。

7.2 GNSS 观测值与 InSAR 形变——以雄安新区为例

7.2.1 测区概况

为响应党中央深入推进京津冀协同发展，中共中央、国务院作出重要部署，决定于 2017 年 4 月 1 日在中国河北省设立国家级新区——雄安新区（Xiongan New Area）。雄安新区位于北京、天津、河北保定三市中间位置，辖区范围包括河北省雄县、容城、安新 3 个县以及周边所属区域。测区如图 7-6。

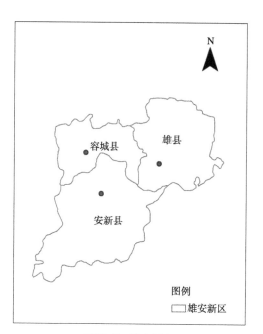

图7-6　雄安新区

SAR 处理软件选取 SARscape 和 SAR Studio。SARscape 软件是基于 ENVI 遥感图像处理软件上的国际知名的 SAR 影像处理软件，由 Sarmap 公司研发，具有专业的 SAR 影像处理能力和分析功能，提供图像化操作界面。SAR Studio 软件由迅感科技（北京）有限公司主持开发的商业化微波遥感（SAR）可视化软件系统平台，拥有多项核心技术、支持多种 SAR 卫星传感器，具备强大的 SAR 处理能力，提供多种商业级算法模块和大数据并行系统解决方案，是一款综合、高效、可靠的商业化 SAR 软件。

7.2.2　SARscape 和 SAR Studio 结果对比

现有两种 SAR 影像处理软件：SARscape 和 SAR Studio。因 SAR Studio 软件可应用模型进行大气校正，而 SARscape 软件的大气校正需结合外部数据进行，为保证 SAR 影像处理精度，根据现有 GNSS 数据，选取包含雄安新区的 SAR 影像进行两种 SAR 数据处理软件、三种处理模式的形变结果对比。其处理模式包括 SAR Studio 模块去除大气相位和两种软件分别结合外部 GPS ZTD 空间插值进行大气相位去除等三种类型。三种 SAR 形变处理模式如表 7-4 所示。结合 GNSS 解算形变结果验证各处理模式的 SAR 数据处理精度，验证点选取雄安新区仅有站点 SZAX（安新）和雄安周边 GNSS 站点 SZWE（文安）、SZBD（保定）、SZAG（安国）、SZME（满城）。

采用软件及处理模式 表 7-4

软件	处理模式
SAR Studio	模块去除大气相位
	外部 GNSS ZTD 去除大气相位
SARscape	外部 GNSS ZTD 去除大气相位

考虑到大气相位对 SAR 处理结果的影响，因夏季水汽值大且波动大，选取夏季时影像。通过查询天气后报，结合现有 GNSS 数据，在进行 SAR 软件精度对比时，选取 2016 年 8 月 5 日和 2017 年 6 月 25 日，Sentinel-1A SAR 影像数据。结合外部 GNSS 进行大气校正时，须将 ZTD 换算为 PWV，两者具有高度相关性，即通过公式（7-1），将 ZTD 转换为 PWV，公式如下：

$$PWV = 0.15 \cdot ZTD \qquad (7-1)$$

本书应用 SAR Studio 处理软件进行 SAR 影像的模块去大气相位处理和未去除大气相位处理两种形变处理结果，应用 SARscape 处理软件进行 SAR 影像未去除大气相位处理的形变处理结果；将三种处理后影像数据构建金字塔后导入 ARCGIS 中，按矢量图腌膜截取包含雄安新区和验证点的适当范围的形变结果。展点验证点，按点提取值的形式提取验证点的形变值，得到 SAR Studio 处理软件应用软件本身模块去除大气相位的形变结果。将解算的京津冀地区 GNSS ZTD 换算为 PWV 后，转换至 LOS 方向，按第三章节方法对其进行空间插值，结合插值图对两种未去除大气相位的 SAR 影像进行大气校正，最后按点提取值，提取结合外部 GNSS ZTD 空间插值去除大气相位的 SAR 影像的验证点的形变值。

如图 7-7 所示，三种 SAR 处理模式下得到形变结果近似，为直观表达三种处理模式的精度，统计三种处理模式下验证点的形变值，分别于 GNSS 转换为 SAR 坐标系下水平方向形变观测结果做对比。如表 7-5 所示。

  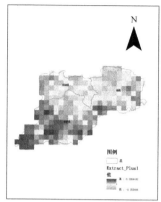

（a）SAR Studio 模块去除　　　（b）SAR Studio 外部去除　　　（c）SARscape 外部去除

图 7-7　不同软件、不同处理模式处理所得形变图

形变结果对比　　　　　　　　　　　　　　　　　表 7-5

验证点	GNSS 值 /m	SAR Studio		SARscape
		模块去除 /m	外部去除 /m	外部去除 /m
SZWE	0.016921	0.026849	0.15915	0.089811
SZAX	0.026093	−0.003174	0.101933	0.043599
SZAG	0.022249	−0.012353	0.111145	0.082287
SZME	0.01707	0.01768	0.14254	0.026592
SZBD	0.025179	0.05713	0.120604	0.075472

注：分别为去除大气相位

为了得到更加准确的表达三种处理模式下得到的形变结果，以 GNSS 值为基准，计算各处理模式下平均偏差与均方根误差，如表 7-6 所示。

不同 SAR 软件、不同处理模式误差统计　　　　　　　　表 7-6

误差	SAR Studio		SARscape
	模块去除	外部去除	外部去除
平均偏差 /m	−0.004276	0.009628	−0.053880
均方根误差 /m	0.027759	0.028012	0.021644

注：分别为去除大气相位

经过两种软件处理后形变结果对比可以通过表 7-5、表 7-6 得知，统计验证点的形变值，通过与 GNSS 转换至 LOS 向的形变结果进行比较，得到误差信息。SAR Studio 软件下软件自身模块去除大气相位的处理模式平均偏差为 -0.004276m，均方根误差 0.027759m，结合外部 GNSS ZTD 空间插值方法去除大气相位的处理模式平均偏差为 0.009628m，均方根误差 0.028012m；SARscape 软件下结合外部 GNSS ZTD 空间插值方法去除大气相位的处理模式平均偏差为 -0.053880m，均方根误差 0.021644m。即可以得知 SAR Studio 软件处理后的 SAR 数据形变结果更精确，本书选择 SAR Studio 软件、软件自身模块去除大气相位的处理模式下进行 D-InSAR 技术处理，得到的 SAR 影像作为 InSAR 形变结果。

7.2.3　GNSS 形变值插值

本节将分别以 GNSS 观测数据在三维方向和水平方向上的观测形变量转换为 LOS 方向形变值来校正 D-InSAR，并验证精度。利用 GNSS 技术观测所获取的地面形变量主要为 E、N 和 U 三维方向的形变，D-InSAR 技术所得到的地面形变量是沿 LOS 一维方向的形变。如何将 GNSS 形变监测的形变量转化到 LOS 方向并与 InSAR 形变值建立线性函数模型，便于对 D-InSAR 处理结果进行校正。

（1）GNSS-N、E、U 转换为 InSAR-LOS

GNSS-N、E、U 形变量与 D-InSAR-LOS 方向形变量关系如图 7-8 所示，二者转换关系如式（7-2）所示。

$$\Delta LOS = \Delta H_{\mathrm{GNSS}} \cdot \cos\theta + (\Delta E_{\mathrm{GNSS}} \cos\varphi + \Delta N_{\mathrm{GNSS}} \sin\varphi) \cdot \sin\theta \qquad (7\text{-}2)$$

式（7-2）中，ΔLOS 为 D-InSAR 处理后一维形变结果，ΔE_{GNSS}、ΔN_{GNSS} 分别为 GNSS 观测其在东方向、北方向的水平形变分量，φ 为 SAR 卫星飞行轨迹方向，即 SAR 影像方位向与北方向的夹角，θ 为距离向与 LOS 方向的夹角，即雷达侧视角。

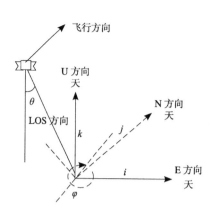

图 7-8 InSAR-LOS 与 N、E、U 方向形变转换三维示意图

通过查询 SAR 原始数据查询，可以得到 φ 为 35°，θ 为 8.18°。GNSS 数据为河北省 GNSS CORS 站 SZRC（容城）、SZXX（雄安）站点数据缺失，为得到雄安新区 GNSS-LOS 形变空间插值图，在适当范围内选取 8 个站点，分别为 SZAX（安新）、SZAG（安国）、SZQY（清苑）、SZME（满城）、SZYX（易县）、SZZZ（涿州）、SZLF（廊坊）、SZWE（文安）。数据选取 2015 年 12 月 21 日、2017 年 1 月 8 日两天。应用高精度 GNSS 软件 GAMIT/GLOBK 解算出站点坐标，其参数设置与京津冀 GNSS ZTD 计算采用相同参数，解算出 NEU 坐标系下坐标，做差值得到该时段下点位形变值，根据式（7-2）将形变值转变为 LOS 方向下形变值。GNSS 各方向形变值与转换 LOS 向后形变值如表 7-7 所示：

GNSS 水平方向形变转化为 LOS 方向 表 7-7

站点	ΔE_{GNSS}	ΔN_{GNSS}	ΔU_{GNSS}	ΔLOS
SZWE	0.02702	-0.00522	-0.08454	-0.05434
SZAX	0.03448	-0.00814	-0.00512	0.014717
SZYX	0.03269	-0.01235	0.00554	0.02209
SZAG	0.02894	-0.01124	-0.02319	-0.00348
SZZZ	0.02814	-0.01042	0.0072	0.021024
SZME	0.03026	-0.01486	0.01229	0.026034
SZQY	0.03161	-0.01691	0.00648	0.021874
SZLF	0.02655	-0.00901	-0.06437	-0.03839

由表 7-7 可知，通过式（7-2）将 GNSS
观测形变值转化至 InSAR 的 LOS 方向。

（2）GNSS 空间插值方法对比

ARCGIS 软件常见的插值方法有三种：
普通克里金法、反距离权重法、样条插值法。
为检验空间插值精度，选取 SZAX、SZQY、
SZME 作为验证点，每次实验依次去除一个
验证点后，以剩余七个 GNSS 点分别进行三
种插值方法的空间插值，按点提取值的方式，
提取验证点估值，统计与其真值的误差，交
叉验证空间插值方法的精度。空间插值范围
如图 7-9 所示，三种空间插值方法所插值结
果如图 7-10、图 7-11、图 7-12 所示。

图 7-9 雄安新区插值区域

由图 7-10、图 7-11、图 7-12 可知，三种空间插值方法结果基本接近，仅存
在微小差异。为验证空间插值精度，分别按点将验证点估值提出，与 GNSS 真
实 LOS 方向形变值进行对比，对比误差统计如表 7-8 所示。

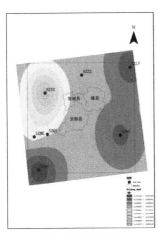

（a）普通克里金法

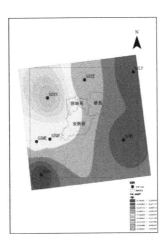

（b）反距离权重法

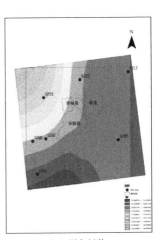

（c）样条插值

图 7-10 以 SZAX 作为验证点

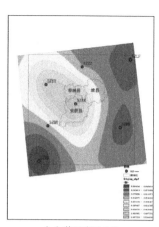

（a）普通克里金法

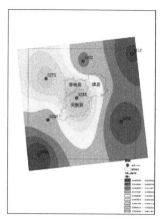

（b）反距离权重法

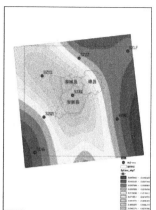

（c）样条插值

图 7-11　以 SZME 为验证点

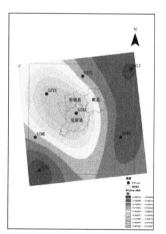

（a）普通克里金法

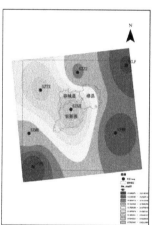

（b）反距离权重法

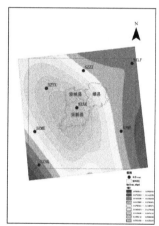

（c）样条插值

图 7-12　以 SZQY 为验证点

多种空间插值方法误差统计　　　　　　　　　　表 7-8

插值方法	平均偏差 /m	均方根误差 /m
普通克里金法	0.000991	0.001792
反距离权重法	0.000826	0.001571
样条插值	0.000870	0.002160

通过表 7-8 平均偏差和均方根误差可以发现，应用反距离权重的空间插值

方法精度相对其他两种空间插值方法的精度要高，所以选取反距离权重的方法进行GNSS空间插值以校正D-InSAR形变结果。同时为保证GNSS形变结果校正D-InSAR的精度，将SZAX作为站点数据进行GNSS空间插值，如图7-13所示。

通过反距离权重空间插值方法，得出与雄安新区插值区域相同区域的GNSS形变观测结果空间插值图，按腌膜提取得到与雄安新区相同区域的GNSS形变观测结果空间插值图。

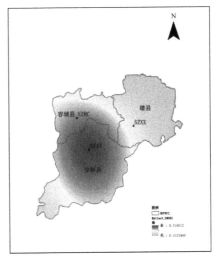

图7-13　GNSS形变观测结果空间插值

7.2.4　GNSS形变结果校正InSAR形变结果

SAR影像选取同期Sentinel-1A数据，经SAR Studio软件经过D-InSAR技术处理后得到雄安新区的LOS向形变，如图7-14所示。

获取经D-InSAR技术处理得到的SAR影像导入ARCGIS中，D-InSAR形变监测结果与GNSS形变监测结果空间插值无明显对应关系，故提取插值点所所对应SAR影像形变值，与GNSS形变值作对比。按点提取值的方法，将参与空间插值的点所对应的InSAR形变结果提取至

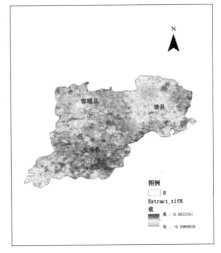

图7-14　雄安新区D-InSAR形变结果

EXCEL表格，与GNSS转换为LOS方向形变监测结果做对比，如表7-9所示。

通过表7-9无法直观看出二者关系，通过对数值计算平均偏差与均方根误差可以看出InSAR形变结果的精度。误差统计如表7-10所示。

InSAR 形变结果与 GNSS-LOS 对比   表 7-9

站点	InSAR/m	GNSS－LOS/m
SZWE	0.001642	－0.05434
SZAX	0.009087	0.014717
SZYX	0.008025	0.02209
SZAG	0.016003	－0.00348
SZZZ	0.013494	0.021024
SZME	－0.005676	0.026034
SZQY	0.001950	0.021874
SZLF	0.007239	－0.03839

误差统计   表 7-10

	平均偏差 /m	均方根误差 /m
数值	－0.005279	0.031761

通过表 7-10 得出，以 GNSS 形变监测结果为基准值，InSAR 形变结果平均偏差为 －0.005279m，均方根误差为 0.03761m。通过 GNSS 形变监测结果对 InSAR 形变监测结果进行校正，构建线性函数模型。以前六个点作为试验点进行模型构建，后两个点做模型精度验证。

通过线性回归模型构建，得到其线性模型如式（7-3）：

$$y = 0.398x + 0.001 \qquad （7-3）$$

得到如式（7-3）线性函数模型。将其余两个点 InSAR 形变值代入式（7-3），求出 GNSS-LOS 向形变估值，并于 GNSS-LOS 向形变真值进行对比，验证模型，其差值与误差统计如表 7-11 所示。

模型验证   表 7-11

误差	数值
SZQY 差值 /m	－0.0201
SZLF 差值 /m	0.042272
平均偏差 /m	0.011087
均方根误差 /m	0.044102

如表 7-11 所示，对构建的模型进行验证，发现并未提高 InSAR 处理结果精度，分析原因为 GNSS 在 U 方向观测精度较低，对 InSAR 校正结果造成误差。将 GNSS 测量得到的 U 方向地面形变去除，仅用水平方向形变量 E、N 方向形变通过式（7-4）转换至 LOS 方向，对 InSAR 进行校正。

$$\Delta LOS = \left(\Delta E_{GNSS} \cos\varphi + \Delta N_{GNSS} \sin\varphi \right) \cdot \sin\theta \qquad （7-4）$$

水平分量转换 LOS 方向形变监测结果如表 7-12 所示。

水平分量转换 LOS 方向形变监测结果 表 7-12

站点	InSAR/m	GNSS - 水平/m
SZWE	0.001642	0.014914
SZAX	0.009087	0.018911
SZYX	0.008025	0.017552
SZAG	0.016003	0.015513
SZZZ	0.013494	0.015126
SZME	−0.005676	0.015967
SZQY	0.001950	0.016566
SZLF	0.007239	0.014338

由表 7-12 得出 InSAR 形变结果与 GNSS 水平方向转换为 LOS 方向的形变结果。对其进行误差统计如表 7-13 所示。

误差统计 表 7-13

	平均偏差/m	均方根误差/m
数值	0.009640	0.007124

对比表 7-10 与表 7-13 可得，GNSS 水平方向转换的 LOS 方向形变值与 InSAR 形变结果更为吻合。同样方法对其构建校正模型，得到其线性函数模型如式（7-5）所示：

$$y = 0.285x + 0.012 \qquad （7-5）$$

对其得到的线性函数模型进行验证，点位差值与其误差统计如表 7-14 所示。

模型验证 表 7-14

误差	数值
SZQY 差值 /m	−0.00401
SZLF 差值 /m	−0.00028
平均偏差 /m	−0.00214
均方根误差 /m	0.002641

通过表 7-13 和表 7-14 可以得出：GNSS 水平方向形变监测结果转换为 LOS 方向对 InSAR 进行校正的效果明显高于垂直方向形变监测结果转换后的校正，GNSS 水平方向形变监测结果可用于对 InSAR 形变监测结果进行校正。

根据 GNSS 观测资料，可以转换为 InSAR LOS 方向形变值。GNSS 水平方向形变转换后用以校正 InSAR 形变的效果明显高于垂直方向形变监测校正效果，水平方向形变监测结果可用于对 InSAR 形变监测结果的校正，以达到较为精确的地面形变结果。为天津蓟州某山区开展 GNSS 观测形变值校正 D-InSAR 形变结果提供可靠参考。

7.3 基于天津蓟州区某山区多种观测方法融合的滑坡形变研究

7.3.1 测区概况

蓟州区是坐落于天津市北部，与北京、河北唐山、河北承德接壤，是天津市仅有的有山区域，也称天津市区的"后花园"。因其得天独厚的地理位置和生态环境，对天津具有非常重要意义。天津市蓟州山区在连续降水和暴雨的前提下可能突现爆发性地质灾害（山体崩塌、泥石流和滑坡等），其给当地造成了一定的人员伤亡和财产损失。

测区位于天津市蓟州某山区，实际走访调查后确定一处山体为滑坡体，如图 7-15，布设了 GNSS 控制网，分别为 2 个基准点：JZ01、JZ02，7 个监测点 JC01、

（a）走访调查 （b）走访调查

（c）滑坡体 （d）滑坡体

（e）滑坡体 （f）滑坡体

图 7-15 滑坡形变测区

JC02、JC03、JC04、JC05、JC06、JC07，如图 7-16
所示。并应用 GNSS、二等精密水准测量同期对其
进行观测，以获取形变量，如图 7-17 所示。

如图 7-15、图 7-16 和图 7-17 所示，通过走访
勘察、设计方案、选点埋点后，开始对基准点和
监测点开始按季度进行定期复测。日期选取 SAR
卫星过境时间，进行二等精密水准测量的同时，
GNSS 进行静态模式观测，取得观测数据后，进
行预处理，计算后，得到相应技术方法的形变观
测结果。

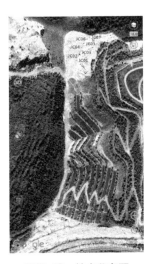

图 7-16 站点分布图

（a）选点埋设　　　　　　　　　　　（b）GNSS 观测

（c）水准测量　　　　　　　　　　　（d）水准测量

图 7-17　GNSS 与水准布点与观测

7.3.2　D-InSAR 处理结果

选取 Sentinel-1A 2017 年 11 月 23 日和 2018 年 11 月 30 日测区所对应 SAR 影像，应用 SARstudio 软件、自身模块去除大气相位的方法，经过 D-InSAR 技术处理得蓟州某山区 D-InSAR 影像，同等范围内进行 GNSS 观测形变结果和二等水准监测形变结果进行空间插值分析。SAR 影像处理形变结果如图 7-18。

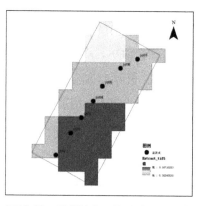

图 7-18　蓟州某山区 D-InSAR 形变

经 SAR 软件处理，进行裁剪后得到蓟州某山区 SAR 形变结果。

7.3.3　GNSS 与水准观测形变结果

本书将以精度更高的二等水准测量结果校正 InSAR 在垂直方向上的分量。采用 GNSS 技术观测获取的 E、N 两个方向地面形变量，二等精密水准测量获得的是沿垂直方向（H）的地面形变量，转换至 InSAR-LOS 方位向形变量。原理同 GNSS 校正水平方向形变位移相同，加入水准在垂直方向的校正。三者转换关系如式 7-6：

$$\Delta LOS = \Delta H_{\text{Leveling}} \cdot \cos\theta + (\Delta E_{\text{GPS}} \cos\varphi + \Delta N_{\text{GPS}} \sin\varphi) \cdot \sin\theta \qquad （7\text{-}6）$$

式（7-6）中，各个符号定义和单位和式（7-2）相同，$\Delta H_{\text{Leveling}}$ 选为水准观测形变位移。

（1）GNSS 形变结果转换

通过应用 GNSS 静态观测联立 2 个基准点，对 7 个监测点进行观测，经过 GNSS 高精度解算软件 GAMIT/GLOBK 解算 GNSS 测量数据，基线解算，网平差后得到 7 个监测点的观测结果。两组与 InSAR 同期的 GNSS 观测数据相减，得到与 D-InSAR 处理结果同期的 GNSS 形变值，转化至 LOS 方向。根据 7.2 结论，本节选取 GNSS N、E 两个方向地面形变量进行 InSAR 水平方向校正。转换公式如式 7-7。

$$\Delta LOS = (\Delta E_{\text{GPS}} \cos\varphi + \Delta N_{\text{GPS}} \sin\varphi) \cdot \sin\theta \qquad （7\text{-}7）$$

通过式 7-7 将 GNSS 水平形变监测结果转换至 LOS 方向，转换结果如表 7-15 所示。

SAR Studio 软件处理后雄安新区形变结果　　　　　　　表 7-15

站点	SAR Studio/m	GNSS−LOS/m
JC01	0.002600	0.005670
JC02	0.007203	−0.016310
JC03	0.007203	−0.001502

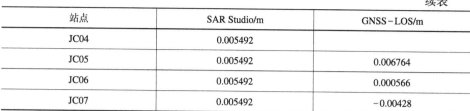

站点	SAR Studio/m	GNSS－LOS/m
JC04	0.005492	
JC05	0.005492	0.006764
JC06	0.005492	0.000566
JC07	0.005492	－0.00428

注：2017 年 1 月 8 日 JC04 站 GNSS 观测值缺失，故 GNSS 形变值缺失

再次应用与第 4 章节同样的空间插值方法对 GNSS-LOS 值进行空间插值，插值结果如图 7-19 所示。

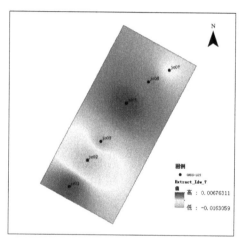

图 7-19　GNSS 形变观测结果空间插值

如图 7-19 通过反距离权重法得到转换至 LOS 方向的 GNSS 形变观测结果插值图。

（2）水准形变结果转换

以 JZ01 为基准点，二等水准测量路线，依次测得 JZ02、JC01-JC07 与 JZ01 点高差，得到各点与 GNSS、D-InSAR 同期观测形变值。利用二等精密水准观测形变值进行 D-InSAR 形变值校正前，应当对水准测量形变值进行预处理。由于 D-InSAR 技术处理后沉降监测结果为 LOS 向，需要将水准沉降观测结果进行转换，公式如下：

$$D_{LOS} = D_H \cdot \cos\theta \qquad\qquad (7\text{-}8)$$

式（7-8）中，D_{LOS} 为 D-InSAR 技术处理得到的 LOS 向形变结果，D_H 为水准观测形变结果，θ 为雷达侧视角，可知为 35°，水准观测结果、形变值以及转换至 LOS 方向后的形变值如表 7-16 所示。

<table>
<tr><td colspan="5" style="text-align:center">各监测点高程、高差以及 LOS 方向转化值　　　　　　表 7-16</td></tr>
<tr><td>站点</td><td>20171123/m</td><td>20181130/m</td><td>D_H / m</td><td>D_{LOS} / m</td></tr>
<tr><td>JC01</td><td>−8.5871</td><td>−8.5759</td><td>0.0112</td><td>0.009175</td></tr>
<tr><td>JC02</td><td>−8.2971</td><td>−8.2976</td><td>−0.0005</td><td>−0.000410</td></tr>
<tr><td>JC03</td><td>−8.2641</td><td>−8.2611</td><td>0.003</td><td>0.002457</td></tr>
<tr><td>JC04</td><td>−8.4083</td><td>−8.4053</td><td>0.003</td><td>0.002457</td></tr>
<tr><td>JC05</td><td>−7.9478</td><td>−7.9445</td><td>0.0033</td><td>0.002703</td></tr>
<tr><td>JC06</td><td>−6.8929</td><td>−6.8889</td><td>0.004</td><td>0.003277</td></tr>
<tr><td>JC07</td><td>−6.7765</td><td>−6.7744</td><td>0.0021</td><td>0.001720</td></tr>
</table>

注：假设 JZ01 高程为 1m。

将监测点转换后的 D_{LOS} 进行空间插值分析，得到用于校正 D-InSAR 处理结果的水准空间插值图，如图 7-20 所示。

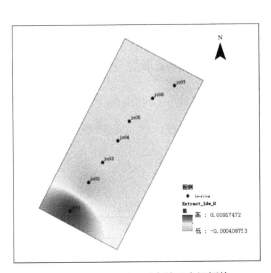

图 7-20　水准测量形变结果空间插值

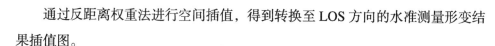

通过反距离权重法进行空间插值，得到转换至 LOS 方向的水准测量形变结果插值图。

将 GNSS 形变插值图与水准测量形变插值图相加得到测区 LOS 方向测量形变图，如图 7-21 所示。

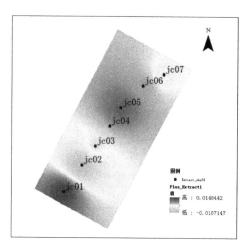

图 7-21　GNSS- 水准形变观测值

通过栅格计算，得到 GNSS- 水准转换至 LOS 向的形变图，在形变处理精度一致的条件下应与 InSAR 形变图一致。

7.3.4　多种观测方法融合的滑坡形变生成

通过图 7-19 与图 7-22 对比，GNSS- 水准测量合成的 LOS 形变结果与 InSAR 形变监测结果无明显相似性。统计三种观测方法得到的 7 个监测点的形变值，如表 7-17 所示。

站点各方法形变值对比　　　　　　　　表 7-17

station	InSAR	GNSS	水准	GNSS- 水准
jc01	0.002600	0.005670	0.009175	0.014845
jc02	0.007203	−0.016310	−0.000410	−0.01672

station	InSAR	GNSS	水准	GNSS - 水准
jc03	0.007203	−0.001502	0.002457	0.000955
jc04	0.005492		0.002457	0.002457
jc05	0.005492	0.006764	0.002703	0.009467
jc06	0.005492	0.000566	0.003277	0.003842
jc07	0.005492	−0.00428	0.001720	−0.00256

从表 7-17 中可以得出，蓟州某山区除 jc04 点 GNSS 缺失外，其他监测点 InSAR 与 GNSS、水准形变结果形变值不相符，统计其误差如表 7-18 所示。

站点 SAR 形变结果误差统计　　　　　　　　　　表 7-18

	平均偏差 /m	均方根误差 /m
数值	0.003812	0.011196

表 7-18 所示，SAR 处理后平均偏差为 0.003812m，均方根误差为 0.011196m，需以 SAR 形变值为自变量，GNSS- 水准形变值为因变量建立线性回归模型对 SAR 监测结果进行改正。除 jc04 点 GNSS 缺失，选取前 4 个点进行构建模型，后 2 个点进行验证。

通过线性回归模型构建，得到其线性模型如式（7-9）：

$$y = -5.021x + 0.03 \tag{7-9}$$

得到如式（7-9）线性函数模型。将其余两个点 InSAR 形变值代入式（5-4），求出 GNSS- 水准估值，并于 GNSS- 水准真值进行对比，验证模型，其差值与误差统计如表 7-19 所示。

模型验证　　　　　　　　　　表 7-19

误差	数值
jc06 差值 /m	−0.00142
jc07 差值 /m	0.004981
平均偏差 /m	0.001782
均方根误差 /m	0.004524

由表 7-19 可知，通过模型（7-9）可以提高 InSAR 形变监测结果。故应用模型对 D-InSAR 形变监测结果进行校正。得到如图 7-22 所示蓟州某山区形变结果。

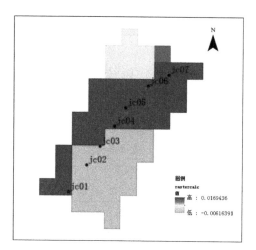

图 7-22　蓟州某山区形变结果

通过空间分析 - 栅格计算器，对图 7-22 进行代数运算得出蓟州某山区的形变结果。经过校正后的 InSAR 形变监测结果和 GNSS- 水准形变监测结果较为吻合。同时也可将本书研究思路和方法推广至其他地区、其他地质灾害类型的监测应用领域。

第 8 章

结论与展望

8.1 结论

京津冀地区 GNSS CORS 建设运行多年，如何利用 GNSS 历史观测数据开展灾害监测是一个值得深入的研究问题。本文利用京津冀地区 GNSS 连续观测数据，结合其他数据，开展了 GNSS 气象学应用、雾霾监测与建模、形变监测三个方面的应用。获得以下结论：

GNSS 气象学应用：

（1）河北省的水汽输送路径存在由南向北、由西北向东南的两条水汽通道。通过比较 GNSS 站点的 PWV 峰值和 ΔPWV 由正到负的变化并结合实际降水数据验证了河北省存在的两条水汽通道。

（2）构建了基于 GNSS 的城市和区域 MODIS 水汽校正模型：利用线性回归方法分别构建了基于 GNSS 的城市和区域 MODIS 水汽校正模型，采用实测 GPS 水汽对城市模型和区域模型进行可靠性验证，12 个测站的冬季城市模型和区域模型的均方根误差小于 1mm。城市模型和区域模型均可以有效提高 MODIS 水汽精度，满足气象预报应用的要求。

GNSS 水汽雾霾监测与建模：

（1）GNSS 水汽与 PM2.5 浓度时间序列之间存在相关关系。由于 GNSS 水汽具有显著的季节季节性变化，首先通过区分季节进行相关性比较，之后在整年尺度上运用小波变换对其分解重构去掉其季节性因素后采用其波动变化参与分析，发现 GNSS 水汽与 PM2.5 浓度时间序列呈正相关特性。

（2）PM2.5 浓度时间序列与大气污染观测呈显著正相关特性。PM2.5 浓度随空气中大气污染观测浓度的变化随之变化。

（3）PM2.5 浓度时间序列与低风速呈正相关特性。与高风速呈负相关特性，低风速可加速 PM2.5 颗粒物的形成，而高风速有利于 PM2.5 颗粒物浓度的降低。

（4）采用 BP 神经网络建立 PM2.5 浓度预测模型，模型在出现极值情况下拟合度较差，在污染等级为良、轻度污染、中度污染、重度污染时效果较好。

（5）运用多元线性回归模型建立 PM2.5 浓度模型，多变量 PM2.5 浓度模型与单变量 PM2.5 浓度模型相比在浓度发生骤变时拟合度较好，均方根误差较低；在污染等级为良、轻度污染、中度污染时预测效果较好。

GNSS 形变监测：

（1）GNSS ZTD 空间插值研究：反距离权重法进行空间插值精度优于其余两种空间插值方法；通过反距离权重法对京津冀平原区域进行 GNSS ZTD 空间插值研究，除去 TJWQ 缺少数据，其他测站的 ZTD 估值与其真值的均方根误差最大为 1.38cm，对于 TJWQ，可以通过天津市 GNSS CORS 资料补充插值，京津冀地区 GNSS ZTD 空间插值效果满足 InSAR 应用 GNSS ZTD 进行大气校正的精度要求。

（2）GNSS 形变与 InSAR 形变融合：根据 GNSS 观测资料，可以转换为 InSAR LOS 方向形变值。GNSS 水平方向形变转换后用以校正 InSAR 形变的效果明显高于垂直方向形变监测校正效果，水平方向形变监测结果可用于对 InSAR 形变监测结果的校正，以达到较为精确的地面形变结果。

（3）GNSS、水准测量与 InSAR 形变融合：通过将转换为 LOS 形变方向的 GNSS 形变监测结果和水准测量形变监测结果作为基准值，与 D-InSAR 影像相应点形变值构建函数模型，并对 SAR 形变监测影像进行模型校正，得到形变结果趋于 GNSS- 水准形变监测结果，同时也可将本书研究思路和方法推广至其他地区、其他地质灾害类型的监测应用领域。

8.2 展望

GNSS 气象学应用：

（1）对于 MODIS 水汽建模时应考虑更长时间序列的数据，更多的区域进行模型的可靠性验证，增加其应用的普适性。

（2）GNSS 水汽通道研究，结合气象、环境角度对其进行更深入的分析与研究。

GNSS 水汽雾霾监测与建模：

（1）运用 BP 神经网络与多元线性回归建立 PM2.5 浓度模型分析其时空演

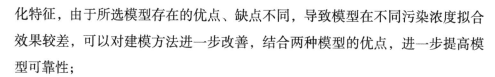

化特征，由于所选模型存在的优点、缺点不同，导致模型在不同污染浓度拟合效果较差，可以对建模方法进一步改善，结合两种模型的优点，进一步提高模型可靠性；

（2）模型建立数据时间尺度较短，可以在数据完整时进行更长时间序列的建模与模型可靠性验证。同时由于PM2.5浓度值跨度大，导致PM2.5浓度在污染等级处于优、重度污染两个极值时模型预测效果较差，可进一步添加约束条件改善模型精度。

（3）由于数据缺失原因，没能反演长时间PM2.5浓度序列进行分析，可以在数据完整时反演长时间序列数据以弥补PM2.5浓度数据积累较少的缺失。

GNSS形变监测：

（1）对于GNSS方面，本文依托于天津市自然科学基金项目，资金有限，未能对基准点和监测点进行连续观测，GNSS形变监测结果仅为两次观测结果差值。同时GNSS数据解算时并未去除因大气荷载、海洋潮汐、陆地水迁徙等引起的非构造形变。

（2）对于SAR方面，SAR技术不断发展，PS-InSAR、SBAS-InSAR、TS-InSAR等技术出现，减小包括InSAR大气校正和时空失相干等不可避免的误差，应用新技术结合去除非构造形变的GNSS形变观测值和水准测量结果对滑坡形变进行监测，可以得到更为真实的结果。

参考文献

[1] 王勇，徐肖遥，刘严萍等．基于 GPS 的河北省冬春季节 MODIS 水汽校正模型研究 [J]. 大地测量与地球动力学，2018，38（10）：1001-1004.

[2] 王勇，刘备，刘严萍等．基于小波变换的 GPS 水汽与气象要素相关性分析 [J]. 大地测量与地球动力学，2017，37（7）：721-725.

[3] 陈浩君，王勤典．气象探测中的无线电技术应用 [J]. 上海信息化，2013，（11）：70-75.

[4] 阮煜琳，尹力．中国专家组目前已基本弄清京津冀区域大气重污染成因 [N]. 中国新闻网，2019-03-03.

[5] Pritchard M E，Simons M. A satellite geodetic survey of large-scale deformation of volcanic centres in the central Andes[J]. Nature，2002，418（6894）：167-171.

[6] Zhang L，Ding X，Lu Z. Ground settlement monitoring based on temporarily coherent points between two SAR acquisitions[J]. ISPRS Journal of Photogrammetry and Remote Sensing，2011，66（1）：146-152.

[7] 陈强，刘国祥，胡植庆，等．GPS 与 PS-InSAR 联网监测的台湾屏东地区三维地表形变场 [J]. 地球物理学报，2012，55（10）：3248-3258.

[8] Ferretti A . Nonlinear subsidence rate estimation using permanent scatters in differential SAR interferometry[J]. IEEE Transactions on Geoscience & Remote Sensing，2000，38（5）：2202-2212.

[9] Berardino P，Fornaro G，Lanari R，et al. A new algorithm for surface deformation monitoring based on small baseline differential SAR interferograms[J]. IEEE Transactions on Geoscience & Remote Sensing，2003，40（11）：2375-2383.

[10] 李德仁，周月琴，马洪超．卫星雷达干涉测量原理与应用 [J]. 测绘科学，2000，25（1）：9-12.

[11] 林辉．时序 InSAR 技术在常州市地表形变监测中的应用研究 [D]. 南京：南京大学，2016.

[12] 曹海坤．GPS、InSAR 数据联合解算地表三维形变场 [D]. 西安：长安大学，2017.

[13] 李超．地质灾害监测系统的研究与实现 [D]. 西安：西安工业大学，2017.

[14] 王勇．地基 GPS 气象学原理与应用研究 [M]. 北京：测绘出版社，2012.

[15] 丁金才．GPS 气象学及其应用 [M]. 北京：气象出版社，2009.

[16] Bevis M，Businger S，Herring T，et al. GPS Meteorology：Remote Sensing of Atmospheric Water Vapor Using the Global Positioning System [J]. Journal of Geophysical Research，1992，97（D14）：15787-15801.

[17] Rocken C，Hove T，Iohnson J，et al. GPS/STROM-GPS sensing of atmospheric water vapor for meteorology [J]. Journal of Applied Meteorology，1995，12：468-478.

[18] Shiver W S，Jackson M E，Johns B，et al. UNAVCO Facility GPS Support Capability and Contributions to Studies of Earth Processes [C]. AGU Fall Meeting. AGU Fall Meeting Abstracts，2002.

[19] Adams D K，Fernandes R M S，Kursinski E R，et al. A dense GNSS meteorological network for observing deep convection in the Amazon[J]. Atmospheric Science Letters，2011，12（02）：207-212.

[20] Alshawaf F，Fersch B，Hinz S，et al. Water vapor mapping by fusing InSAR and GNSS remote sensing data and atmospheric simulations[J]. Hydrology and Earth System Sciences，2015，19（12）：363-404.

[21] Oigawa M，Realini E，Tsuda T. Study of Water Vapor Variations Associated with Meso- γ Scale Convection：Comparison between GNSS and Non-Hydrostatic Model Data[J]. SOLA，2015，11：27-30.

[22] Heublein M，Alshawaf F，Zhu X X，et al. Sparsity-driven tomographic reconstruction of atmospheric water vapor using GNSS and InSAR observations[C]. Egu General Assembly Conference. EGU General Assembly Conference Abstracts，2016.

[23] Jordán，Gabriel Pérez，Almazán，Julio A. Castro，Tuñón，Casiana Muñoz. Precipitable water vapour forecasting：a tool for optimizing IR observations at Roque de los Muchachos Observatory[J]. Monthly Notices of the Royal Astronomical Society，2018.

[24] 毛节泰. GPS 的气象应用 [J]. 气象科技，1993，（4）：45-49.

[25] 陈洪滨，吕达仁. GPS 测量中的大气路径延迟订正 [J]. 测绘学报，1996，25（2）：127-132.

[26] 李国平，黄丁发. GPS 气象学研究及应用的进展与前景 [J]. 气象科学，2005，（6）：651-661.

[27] 李成才. GPS 气象应用：水汽总量绝对值的直接解算 [J]. 气象科技，1997，（3）：23-29+22.

[28] 王小亚. 上海地区 GPS ／ STORM 试验与结果 [A]. 中国地球物理学会. 1998 年中国地球物理学会第十四届学术年会论文集 [C]. 中国地球物理学会: 中国地球物理学会, 1998: 1.

[29] 王小亚, 朱文耀, 严豪健, 等. 地面 GPS 观测探测大气可降水汽量的方法和前景 [J]. 天文学进展, 1998, （2）: 135-142.

[30] 王小亚, 朱文耀, 豪健, 等. 地面 GPS 探测大气可降水量的初步结果 [J]. 大气科学, 1999, （5）: 605-612.

[31] 王小亚, 朱文耀, 丁金才, 等. 上海地区 GPS/STORM 试验与结果 [J]. 全球定位系统, 2000, （3）: 6-10.

[32] 姚宜斌, 郭健健, 张豹, 等. 湿延迟与可降水量转换系数的全球经验模型 [J]. 武汉大学学报（信息科学版）, 2016, 41（1）: 45-51.

[33] 何亚东, 姚宜斌, 许超钤, 等. 我国西南地区 PWV 与降水量的周期特征及关联性分析 [J]. 测绘地理信息, 2016, 41（6）: 44-48.

[34] Zhao Q, Yao Y, Yao W, et al. GNSS-derived PWV and comparison with radiosonde and ECMWF ERA-Interim data over mainland China[J]. Journal of Atmospheric and Solar-Terrestrial Physics, 2018.

[35] 周聪林, 徐晟, 杨翼飞, 等. GNSS 水汽反演资料在台风分析中的应用 [J]. 南方国土资源, 2018, （9）: 39-43.

[36] Li M, Li W, Shi C, et al. Assessment of precipitable water vapor derived from ground-based BeiDou observations with Precise Point Positioning approach[J]. Advances in Space Research, 2015, 55（1）: 150-162.

[37] 谢淑艳, 王晓艳, 吴椐名, 等. 环境空气中 PM2.5 自动监测方法比较及应用 [J]. 中国环境监测, 2013, 29（2）: 150-155.

[38] Anne Boynard, Cathy Clerbaux, Lieven Clarisse, et al. First simultaneous space measurements of atmospheric pollutants in the boundary layer from IASI: A case study in the North China Plain [J]. Geophysical Research Letters, 2014, 41（2）: 645-651.

[39] 孟晓艳, 王瑞斌, 张欣, 等. 2006-2010 年环保重点城市主要污染物浓度变化特征 [J]. 环境科学研究, 2012, 25（6）: 622-627.

[40] Fang C L, Wang Z B, Xu G. Spatial-temporal characteristicsof PM2.5 in China: A city-level perspective analysis [J]. Journal of Geographical Sciences, 2016, 26（11）: 1519-1532.

[41] 丁冰，陈健，王彬，等 . 城市环境 PM2.5 空间分布监测方法研究进展 [J]. 地球与环境，2016，44（1）：130-138.

[42] 徐翔德，周秀骥，施晓辉 . 城市群落大气污染源影响的空间结构及尺度特征 [J]. 中国科学（D 辑），2005，35（增刊）：1-19.

[43] Provencal S，Buchard V，da Silva，et al. Evaluation of PM2.5 Surface Concentrations Simulated by Version 1 of NASA's MERRA Aerosol Reanalysis over Israel and Taiwan [J]. Aerosol and Air Quality Reserch，2017，17（1）：253-261.

[44] 丁文金，于步云，谢涛，等 . 基于 MODIS 气溶胶光学厚度与气象要素的苏锡常地区 PM2.5 地面浓度分布研究 [J]. 环境科学学报，2016，36（10）：3535-3542.

[45] 聂晨晖，潘骁骏，金洪芳 . 杭州地区 2015 年 PM2.5 浓度时空变化特征分析 [J]. 测绘通报，2016，（11）：75-79.

[46] 陶金花，张美根，陈良富，等 . 一种基于卫星遥感 AOT 估算近地面颗粒物浓度的新方法 [J]. 中国科学（D 辑），2013，43（1）：143-154.

[47] Zang Z L，Wang W Q，You W，et al. Estimating ground-level PM2.5 concentrations in Beijing，China using aerosol optical depth and parameters of the temperature inversion layer [J]. Science of The Total Environment，2017，575：219-1227.

[48] Xin J Y，Gong C S，Liu Z R，et al. The observation-based relationships between PM2.5 and AOD over China [J]. Journal of Geophysical Research Atmospheres，2016，121（18）：10701-10716.

[49] 薛文博，武卫玲，付飞等 . 中国 2013 年 1 月 PM2.5 重污染过程卫星反演研究 [J]. 环境科学，2015，36（3）：794-799.

[50] Ramos Y，St-Onge B，Blanchet J P，et al. Spatio-temporal models to estimate daily concentrations of fine particulate matter in Montreal：Kriging with external drift and inverse distance-weighted approaches[J]. Journal of Exposure Science and Environmental Epidemiology，2016，26（04）：405-414.

[51] 程兴宏，刁志刚，胡江凯等 . 基于 CMAQ 模式和自适应偏最小二乘回归法的中国地区 PM2.5 浓度动力 - 统计预报方法研究 [J]. 环境科学学报，2016，36（8）：2771-2782.

[52] Paunu V V，Karvosenoja N，Kupiainen K，et al. Validation of PM2.5 Concentrations Based on Finnish Emission-Source-Receptor Scenario Model [M]. Air Pollution Modeling and its Application XXV，2018.

[53] 黄仁东，仝慧贤，刘抗，等. 西安市 PM2.5 污染特征及其估测模型 [J]. 环境工程学报，2015，9（6）：2974-2978.

[54] 刘严萍，王勇，赖迪辉. 基于 PM10 与气态污染物的北京市 PM2.5 浓度模型研究 [J]. 灾害学，2016，31（2）：116-118+155.

[55] 王勘之，曾沛，刘永辉. 上海市 PM2.5 浓度的分析与预测 [J]. 数学的实践与认识，2017，47（15）：210-217.

[56] 朱亚杰，李琦，侯俊雄等. 运用贝叶斯方法的 PM2.5 浓度时空建模与预测 [J]. 测绘科学，2016，41（2）：44-48.

[57] 陈宁，毛善君，李德龙等. 多基站协同训练神经网络的 PM2.5 预测模型 [J]. 测绘科学，2018，43（7）：87-93.

[58] 罗宏远，王德运，刘艳玲等. 基于二层分解技术和改进极限学习机模型的 PM2.5 浓度预测研究 [J]. 系统工程理论与实践，2018，38（5）：1321-1330.

[59] 尹建光，彭飞，谢连科等. 基于小波分解与自适应多级残差修正的最小二乘支持向量回归预测模型的 PM2.5 浓度预测 [J]. 环境科学学报，2018，38（5）：2090-2098.

[60] 郭建平，吴业荣，张小曳等. BP 网络框架下 MODIS 气溶胶光学厚度产品估算中国东部 PM2.5[J]. 环境科学，2013，34（3）：817-825.

[61] 王勇，刘严萍，李江波等. GPS 和无线电探空的水汽变化与 PM2.5/PM10 变化的相关性研究 [J]. 武汉大学学报. 信息科学版，2016，41（12）：1626-1630.

[62] 王勇，任栋，郝振航等. 一种对流层延迟的 ZTD 与 PM2.5 浓度相关性研究 [J]. 测绘科学，2018，43（5）：40-44.

[63] 姚宜斌，罗亦泳，张静影等. 基于小波相干的雾霾与 GNSS 对流层延迟相关性分析 [J]. 武汉大学学报（信息科学版），2018，43（12）：2131-2138.

[64] 谢劭峰，靳利洋，张朋飞等. 雾霾过程中 AQI 与 ZTD、PM2.5 与 PWV 的时序特征分析 [J]. 科技通报，2017，33（4）：32-35.

[65] 张双成，赵立都，吕旭阳等. GPS 水汽在雾霾天气监测中的应用研究 [J]. 武汉大学学报（信息科学版），2018，43（3）：451-456.

[66] 高扬骏. 雾霾期间 PWV 对 PM2.5 的影响趋势分析及预测 [A]. 中国卫星导航系统管理办公室学术交流中心. 第九届中国卫星导航学术年会论文集——S01 卫星导航应用技术 [C]. 中国卫星导航系统管理办公室学术交流中心：中科北斗汇（北京）科技有限公司，2018：6.

[67] 杨元喜 . 国际大地测量协会（IAG）新组织机构及对我国大地测量发展的思考 [J]. 测绘通报，2003，（6）：8-10+19.

[68] 曾安敏 . 地球参考框架确定与维持的数据处理理论与算法研究 [D]. 郑州：解放军信息工程大学，2017.

[69] 党学会 . 用中国大陆构造环境监测网络 GPS 数据研究中国大陆现今应变场特征 [D]. 武汉：中国地震局地震研究所，2012.

[70] 张国合 . 基于 CORS 的浙江省地质灾害监测预警系统建设 [J]. 测绘与空间地理信息，2014，37（2）：119-120.

[71] 苗树平 . 基于 GNSS 技术的矿区地表三维形变监测研究 [J]. 现代矿业，2015，31（3）：105-106.

[72] 袁兵，熊寻安，龚春龙等 . 顾及多路径误差改正的 GNSS 大坝形变监测研究 [J]. 导航定位与授时，2016，3（1）：53-59.

[73] 赵迎辉 . GPS 用于地壳形变监测的数据处理研究 [D]. 西安：长安大学，2017.

[74] 康玉霄 . GNSS 在高层建筑形变监测中的应用研究 [D]. 济南：山东建筑大学，2018.

[75] 贺克锋 . 2008 年汶川地震震后形变研究 [D]. 中国地震局地震研究所，2018.

[76] 胡亚轩，许建东，刘国明等 . 空间大地测量技术在火山形变监测中的应用 [J]. 震灾防御技术，2018，13（2）：410-423.

[77] 王洵，王卫民，赵俊猛等 . InSAR、波形资料和 GPS 联合反演 2015 年皮山地震震源破裂过程 [J]. 中国科学：地球科学，2019，49（2）：383-397.

[78] 徐绍铨，程温鸣，黄学斌等 . GPS 用于三峡库区滑坡监测的研究 [J]. 水利学报，2003，34（1）：114-118.

[79] 李泽闯 . 抚顺西露天矿南帮滑坡滑动机制与滑坡破坏时间预测预报研究 [D]. 长春：吉林大学，2017.

[80] 郝立生，丁一汇，闵锦忠等 . 华北降水季节演变主要模态及影响因子 [J]. 大气科学，2011，35（2）：217-234.

[81] 翟盘茂，王萃萃，李威 . 极端降水事件变化的观测研究 [J]. 气候变化研究进展，2007，3（3）：144-148.

[82] 朱恩慧，杨力，贾鹏志等 . 暴雨天气中地基 GNSS 可降水量时序变化分析 [J]. 导航定位学报，2018，6（1）：21-26.

[83] 杨军建，姚宜斌，许超钤等 . 大气可降水量与实际降水量的关联性分析 [J]. 测绘地理信

息，2016，41（1）：18-21+26.

[84] 符睿，段旭，刘建宇等 . 云南地基 GPS 观测大气可降水量变化特征 [J]. 气象科技，2010，38（4）：456-462.

[85] Yao Y, Shan L, Zhao Q. Establishing a method of short-term rainfall forecasting based on GNSS-derived PWV and its Application[J]. Sci. Rep.，2017，7（1）：12465.

[86] 李青春，张朝林，楚艳丽等 . GPS 遥感大气可降水量在暴雨天气过程分析中的应用 [J]. 气象，2007，33（6）：51-58.

[87] 丁海燕 . 北京地区夏季几次典型降水的大气水汽特征 [A]. 第 27 届中国气象学会年会灾害天气研究与预报分会场论文集 [C]. 中国气象学会，2010. 9.

[88] 姚宜斌，赵庆志，李祖锋等 . 基于全球导航卫星系统资料的短时降水预报 [J]. 水科学进展，2016，27（3）：357-365.

[89] 李黎，田莹，袁志敏等 . 暴雨期间 GNSS 遥感气象要素的时序变化 [J]. 测绘科学，2016，41（10）：82-87.

[90] Kang Xu，Congwen Zhu，Weiqiang Wang. The cooperative impacts of the El Nino–Southern Oscillation and the Indian Ocean Dipole on the interannual variability of autumn rainfall in China[J]. International Journal of Climatology，2016，36（4）：1987-1999.

[91] Xianfeng Bo，XiaoJuan Lei，Jun Tian. East China Summer Rainfall during ENSO Decaying Years Simulated by a Regional Climate Model[J]. Atmospheric and Oceanic Science Letters，2011，4（2）：91-97.

[92] 王勇，刘严萍 . 地基 GPS 气象学原理与应用研究 [M]. 北京：测绘出版社，2012.

[93] 王秀荣，王维国，刘还珠等 . 北京降水特征与西太副高关系的若干统计 [J]. 高原气象，2008，27（4）：822-829.

[94] 张键，李长青 . ENSO 事件对中国东部降水的影响研究 [J]. 首都师范大学学报（自然科学版），2002，23（4）：72-78.

[95] 张德丰 . MATLAB 小波分析 [M]. 北京：机械工业出版社，2011.

[96] 邓利群，李红，柴发合等 . 北京市东北城区冬季大气细粒子与相关气体污染特征 [J]. 中国环境科学，2010，30（7）：954-961.

[97] 廖晓农，张小玲，王迎春等 . 北京地区冬夏季持续性雾 - 霾发生的环境气象条件对比分析 [J]. 环境科学，2014，35（6）：2031-2044.

[98] 戴树桂 . 环境化学进展 [M]. 北京：化学工业出版社，2005.

[99]　Li Li，Yalin Lei，Sanmang Wu，et al. The health economic loss of fine particulate matter（PM2.5）in Beijing [J]. Journal of Cleaner Production，2017，（161）: 1153-1161.

[100]　王振波，方创琳，许光等 . 2014 年中国城市 PM2.5 浓度的时空变化规律 [J]. 地理学报，2015，70（11）: 1720-1734.

[101]　李会霞，史兴民 . 西安市 PM2.5 时空分布特征及气象成因 [J]. 生态环境学报，2016，25（2）: 266-271.

[102]　王勇，刘严萍，李江波等 . 水汽和风速对雾霾在 PM2.5/PM10 变化的影响 [J]. 灾害学，2015，30（1）: 5-7.

[103]　王勇，刘严萍，李江波等 . GPS 和无线电探空的水汽变化与 PM2.5/PM10 变化的相关性研究 [J]. 武汉大学学报 . 信息科学版，2016，41（12）: 1626-1630.

[104]　Paunu V V，Karvosenoja N，Kupiainen K，et al. Validation of PM2.5 Concentrations Based on Finnish Emission-Source-Receptor Scenario Model [M]. Air Pollution Modeling and its Application XXV，2018.

[105]　黄仁东，全慧贤，刘抗等 . 西安市 PM2.5 污染特征及其估测模型 [J]. 环境工程学报，2015，9（6）: 2974-2978.

[106]　刘严萍，王勇，赖迪辉 . 基于 PM10 与气态污染物的北京市 PM2.5 浓度模型研究 [J]. 灾害学，2016，31（02）: 116-118+155.

[107]　徐建辉，江洪 . 长江三角洲 PM2.5 质量浓度遥感估算与时空分布特征 [J]. 环境科学，2015，36（9）: 3119-3127.

[108]　郭建平，吴业荣，张小曳等 . BP 网络框架下 MODIS 气溶胶光学厚度产品估算中国东部 PM2.5[J]. 环境科学，2013，34（3）: 817-825.

[109]　陈辉，厉青，张玉环等 . 基于地理加权模型的我国冬季 PM2.5 遥感估算方法研究 [J]. 环境科学学报，2016，36（6）: 2142-2151.

[110]　王芳，程水源，李明君等 . 遗传算法优化神经网络用于大气污染预报 [J]. 环境科学研究，2002，15（5）: 62-64.